친숙한 일상에서 _____ 낯선 세계로 가는 생태학적 시선

출근길 생태학

친숙한 일상에서 _____ 낯선 세계로 가는 생태학적 시선

출근길 생태학

이도원 지음

지오북
GEOBOOK

머리말

    생태계에 특정 생물이나 물질을 첨가하고 변화를 살펴 그 기능을 확인하는 연구는 흔히 있다. 이를테면 토양에 영양소를 보탠 다음 식물의 성장을 기록한 것이 대표적이다. 영국에서는 1850년대부터 구획을 나눈 농경지에 매년 질소와 인, 칼륨 등의 성분을 여러 수준으로 배합하여 추가하며 토양과 재배한 작물의 변화를 측정하고 있다. 1990년대 중반 미국 옐로스톤공원에서는 사라진 늑대를 캐나다로부터 도입하고 역시 식물과 초식동물, 하천 유량 등 생태계 변화를 꾸준히 관찰한다.

    거꾸로 어떤 특정 구성요소를 몽땅 없앤 다음 원래의 생태계와 차이를 비교하는 제거실험도 있다. 1960년대 중반 숲에서 나무를 모두 베어낸 다음 숲 자체와 유역의 하천을 지금까지 계속 조사하는 본보기가 있다. 이 노력은 생태계 개념의 쓸모를 확인한 획기적인 연구로 유명하다. 이전까지 그다지 주목받지 못했던 생태계라는 용어는 그 실험을 계기로 여러 연구를 촉발시킴으로써 비로소 생태학의 핵심개념으로 발전했다. 비슷한 시기에 동물생태학자는 해안의 조간대에서 횡포가 심한 불가사리를 보이는 대로 없앤 웅덩이의 생물종이 현저하게 감소하는 현상을 확인했다. 이 연구로 그는 쐐기돌종(keystone species, 핵심종이라 번역하기도 하지만 제안자의 의도를 고려하여 옮김)이라는 개념을 처음 제안했다. 무지개다리의 쐐기돌처럼 불가사리가 조간대 생태계의 중요한 특성이 무너지지 않도록 하는 데 핵심적인 역할을 한다는 뜻의 이름이다. 그 이후 쐐기돌종 역시 생태학 분야에서 매우 중요한 개념이 되었다.

만약 늘 반복되는 일부를 내 일상의 삶에서 깡그리 지워버린다면 어떻게 될까? 비록 소소하더라도 결코 없어서는 안 되련만 우리는 대체로 그런 일에는 무심한 편이다. 그런데 드물게 일어나는 획기적인 사건이 그런 일들이 없이 과연 가능할까? 내가 늘 만나기 때문에 그냥 스쳐 보내는 것들도 눈여겨보면 쓸모 있는 교훈을 얻을 수 있지 않을까? 교수 생활이 한참 지난 다음에야 나는 그런 깨달음을 얻었다. 그리고 차를 멀리하고 집에서 학교를 오가며 만나는 풍경에 마음을 주기로 했다. 내 손으로 보태지도 빼지도 못하는 대상이라 여유로운 마음으로 조금 더 찬찬히 살펴보기로 한 것이다.

　여기서 소개하는 내용은 그런 과정이 낳은 산물이다. 늘 가던 연구실과 하루 일과가 끝나면 어김없이 찾아오는 삶터, 그 지점을 이어주는 길에서 만난 풍경을 더듬으며 조금씩 안목을 키웠다. 출근길 풍경에서 생태학을 읽는 연습과정이 쌓이면서 다른 땅까지 살피는 버릇도 생겼다. 덕분에 남원의 몇몇 마을과 중국 남부의 윈난성 소수민족 마을, 호주 생태공동체 마을과 도시공간 답사에서 만난 대상도 더욱 깊이 관영했다. 돌이켜보니 나는 첨가실험이나 제거실험의 대상이 될 수 없는 길 위의 풍경에 마음과 눈길을 보내며 숨어 있는 그들의 존재감을 제법 우려낸 셈이다.

　내 답사는 대부분 대상에 대한 정보를 충분히 확보하지 않은 상황에서 이루어졌다. 약간의 사전 지식을 갖추기는 했지만 주로 현장에서 문득 눈에 들어오는 대상들에 대한 궁금증이 늘었고, 그리하여 찬찬히 살펴봤다는 뜻이다. 그래서 예상했던 것보다는 우연히 부닥친 장면들을 그저 내 즉흥적인 감식력으로 찾은 내용이 많다. 현지에서 보고 느낀 대로 기술하여 골격을 잡은 다음 나중에 관련 자료를 뒤져 참고하며 다듬는 방식으로 글을 썼다. 그러다 보니 시작하는 부분의 짜임새가 대체로 소략하다. 그래서 여기에 내용을 제법 길게 소개하여 각 장의 도입부로 삼고자 한다. 본론과 마무리 내용을 읽을 독자들의 길잡이가 되길 기대하며.

🍂 1부 출근길 생태학 1

걸어서 연구실로 가는 길은 대략 세 구역으로 나뉜다. 주택가(아파트와 단독주택)와 도로와 상가, 자투리 숲이다. 주택가엔 조경 공간들이 있다. 만나는 나무들은 연령이 기껏해야 20년 남짓 되지만 땅의 생태적인 면모와 아련히 떠오르는 내 어린 날의 추억에 연결된다. 정성껏 가꾼 개인주택의 작은 정원은 도시의 싱싱한 기운을 선사하며 감사의 마음을 일으킨다. 신호등을 건너고 차들을 피하며 이어지는 상가와 러브호텔 앞에서는 내 마음이 잠시 무거워진다. 다행히 발걸음이 작은 숲길로 이어지며 어수선한 마음은 정돈된다. 거기서 나무와 새, 벌레, 땅을 만나며 기운도 얻고 내가 오래 익혔던 자연 공부를 되새긴다. 도보 출근길에서는 그렇게 사람의 공간과 자연의 공간을 경험하며 은연중에 풍경을 읽는 내 태도와 틀을 찾아보기도 한다.

🍂 2부 출근길 생태학 2

버스를 타고 가는 출근길은 크게 두 구역으로 나뉜다. 주로 차도를 이웃하는 도시 지역과 학교 공간이다. 구청 조경과 애써 가꾼 디자인 거리는 사람과 공간의 관계를 되짚어보는 소재가 된다. 학교엔 건물과 길도 있지만 고맙게도 하늘이 한껏 열려 있어 발길이 잠시 느려지면 잔잔한 변화와 함께 멀리 보이는 산줄기와 숲 풍경을 즐기기도 한다. 공간을 읽는 내 나름의 방식은 학교를 에워싸는 숲의 역사가 넌지시 뒷받침한다. 덕분에 또한 도시의 조경과 자투리 숲의 생태를 나란히 놓고 디자인 거리의 발전 방향에 대한 소견을 드러내기도 했다. 아울러 우리의 전통마을 공부를 바탕으로 서울대학교가 들어서기 전에 있었던 옛 공간도 대략 살펴보았다.

여기까지 내용은 뒤를 이어 오는 세 꼭지의 글과 제법 연결된다. 개발의 힘에 밀려 간신히 버티고 있는 교정의 옛 흔적은 남원과 중국 윈난 소수민족 마을, 호주의 생태공동체 마을의 풍경을 읽는 실마리가 된다. 현대식 조경 공간에 대한 내 문제인식은 호주의 도시들에서 배울 바를 미리 준비시킨 셈이다.

🍂 3부 지리산에 기댄 남원 마을숲

전라북도 남원을 중심으로 지리산 기슭 일대를 더듬은 답사는 주로 우리의 전통 마을숲을 이해하는 시간이었다. 눈에 들어오는 마을 풍경과 지형의 관계를 읽고, 전통사회에서 마을을 꾸미던 흥미 있는 사연과 그 안에 깃들어 있는 생태적 특성을 검토했다. 살펴본 마을숲들은 대략 네 구역으로 나뉘는 마을의 빈 터에 나타난다. (1) 마을 앞 (2) 대체로 북(서)쪽의 낮은 산 또는 평지, (3) 마을의 오른쪽 허전한 공간, (4) 마을 왼쪽의 허전한 공간이다. 마을 앞의 숲은 많이 사라졌고, 남아 있는 것들도 초라하다. 원래 조성되었던 숫자가 상대적으로 적었던 마을 뒤쪽과 좌우의 숲들은 제법 옛 모습을 간직하고 있는 경우도 있지만 위태롭긴 마찬가지다. 근대화와 함께 전국 곳곳에서 사라져간 우리 옛 경관의 흔적을 조금이나마 간직하고 있는 남원이 대견하고 더욱 잘 지켜나가길 바란다. 그래야만 짧은 기간의 답사로 제대로 보지 못한 전통공간의 소중한 면목이 언젠가 제대로 밝혀질 것이기 때문이다.

🍂 4부 보전과 지속의 희망, 소수민족 마을

중국 윈난성에서는 우리의 전통생태 지혜를 여전히 간직하고 있는 소수민족 마을을 쉽게 만나게 된다. 이를테면 남부의 시솽반나 차숲은 혼농임업 방식을 유지하며 생태계 서비스를 듬뿍 활용한다. 동남부의 위안양 하니족 마을은 희한하게도 우리의 전통마을과 닮은꼴을 보이며 숲에 내린 빗물을 지혜롭게 모으고 있다. 아울러 넉넉한 연못과 계단논으로 물을 효율적으로 관리하며 삶을 지속가능하게 가꾸는 모습이 눈에 들어온다. 짧은 여정으로 깊이 살폈다고 보기는 어렵지만 차밭과 계단논에서 여러 생물을 만났다. 사람들이 일부러 풀어놓은 닭과 오리, 자연스럽게 숲과 논으로 찾아온 거미와 벌, 물고기, 가재, 물맴이 등은 어릴 적 시골에서 예사롭게 다가와 나의 생태적 소양을 키워준 추억의 생물들이다.

🪲 5부 생태도시와 생태공동체 마을 탐방

먼저 찾아간 크리스털워터스는 생태공동체 마을이다. 그곳에서는 사라진 우리 전통마을의 생태 지혜가 곁들여진 디자인 요소들을 만났다. 시드니의 공항과 올림픽공원, 이동로에서는 출근길 생태학에서 소개한 여러 조경 공간의 개선된 모습을 확인하는 시간을 가졌다. 빗물과 녹지를 생태적으로 활용하며 건조하고 무더운 공기를 다스리는 모습이 특히 인상적이었다. 생태적 원리를 최대한 활용하여 시설들을 만들고 운영하며, 숲을 관리하여 망가진 땅을 세계적으로 유명한 생태관광지로 탈바꿈시킨 코란코브리조트는 연구와 실천, 배움이 통합된 학습 장소였다. 습지에서 발생하는 모기를 현장에서 연구하며 그 결과를 응용하여 방제하는 노력은 모범이 되고도 남았다. 환경단체 생태호주를 만나서 들은 생물다양성 보존 노력과 블루마운틴에서 들은 유칼리나무의 특성과 세 자매 바위 이야기는 덤이다.

이 책은 학부학생들을 대상으로 개설했던 「생활 속의 생태학」 강의의 읽을거리 일부를 다듬어 묶은 결과물이다. 강의 자료의 다른 일부는 졸저 『관경하다』에서 따로 소개했다.

원고가 책으로 나오기까지 내가 발표한 다른 어떤 저서들보다 오랜 시간이 걸렸다. 애초에 원고가 그만큼 어수선했던 탓이다. 덕분에 오류를 고칠 기회는 넉넉하게 가졌다. 그 과정에 원고를 다듬어준 출판사 지오북 사장을 포함한 직원들께 고마운 마음을 전한다. 긴 교정 과정에 조유리와 김고운, 박지형 교수, 황바람이 전달했던 의견으로 글과 구성은 꽤 발전되었다. 만난 적도 없이 초고의 오류를 지적해준 남원문화원 김현식 국장님과 전남도청의 김철성님께 감사한다. 교수직을 몇 년 남겨두고 신설했던 강의를 수강하며 원고를 읽고 토론했던 학생들도 고맙다. 특히 예사롭던 주변 풍경을 어느새 은근히 살피게 되었다던 수강생들의 자랑은 나의 강의와 원고수정작업에 한결같은 격려가 되었다. 무엇보다 자가용 없이 불편을 감수하며 나의 걷기를 지원해준 아내가 고맙다.

마지막으로 2015년도 한국연구재단이 지원한 상반기 중견연구자 지원사업 "마을규모 사회−생태 시스템의 생태계 서비스와 지역 지식"(NRF−2015R1A2A2A03007350)과 아시아연구소 기반구축사업(환경협력연구 프로그램: #SNUAC−2015−011)을 수행하며 가졌던 답사와 그 과정에 나누었던 대화가 내용을 다듬는 데 도움이 된 사실을 밝혀둔다.

2020년 봄
저자가 쓰다

목차

🐢 **머리말** -04

01
출근길 생태학 1
일상에서 만나는 풍경

—
04

보전과 지속의 희망, 소수민족 마을
중국 윈난성 남부의 시솽반나와 위안양

01

출근길 생태학 1

일상에서 만나는 풍경

🌰 출근길 노정

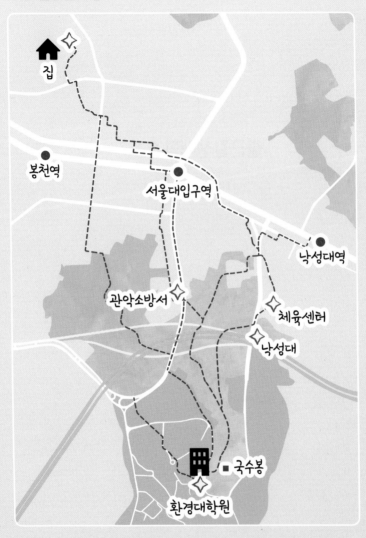

- - - - - - 걷는 길

우리 도시의 보도를 걷는 일은 그다지 편치 않다. 땅 사정으로 좁다란 것은 그렇다 치더라도 차들이 뿜어내는 소음과 매연뿐만 아니라 서둘러 건너야 하는 건널목과 담배 연기 풍기는 사람들을 만나기 십상이다. 때때로 만나는 담배 연기는 앞질러 가는 걸음으로 해결하고 나머지는 진로를 바꾸어 피하곤 한다. 나는 요리조리 여러 경로를 걸어보고 나만의 도보 출근길을 몇 개 마련했다. 그 노선을 따라 집에서 연구실까지 여유 있게 걸으면 대부분 한 시간 남짓 걸린다. 그 길에서 만나는 모든 풍경은 내게 말을 건다. 나는 풍경이 건네는 말에 상념으로 대답한다. 풍경과 내 마음 사이에 일어나는 이 교류는 일종의 대화이다. 지난 십 년가량 나는 그 대화를 즐기고 있다.

땅이 메마른 이유
길을 나서며 자연에게 동네의 안부를 묻다.

길을 나서는 동시에 옹벽을 가리며 줄지어 서 있는 사철나무를 만난다. 이름 그대로 사철 내내 한결같이 푸른 자태를 보여주는 나무다. 그러나 세월이 흐르면서 그들 사이에서도 분화된 모습이 보인다. 일부 구간에 노란빛을 띤 잎들이 나타난다. 문득 질소가 결핍된 땅에서는 식물의 잎이 노란빛을 띤다고 했던 중학교 농업시간에 배운 게 떠올랐다. 질소를 포함하는 녹색의 엽록소가 적기 때문에 잎이 누렇게 되었을 터이다. 여기에 새로 얻은 지식을 보태본다. '저 바랜 빛의 나무가 서 있는 구역은 아마도 토양 수분이 부족한 땅이겠다. 수분이 부족한 탓에 질소를 고정하는 토양 미생물의 활동이 저조한 사연이 잎으로 드러나는 것이리라.' 내 출근길은 화강암 지역이어서 토양에 수분이 넉넉하지 않다. 풍화된

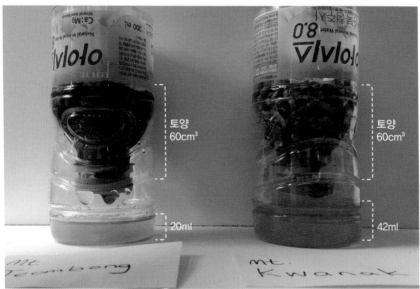

▲ 옹벽을 가리며 줄지어 서 있는 사철나무. 일부(↓)는 노란색을 띠고 있다.
▼ 점봉산 토양과 관악산 토양의 수분보유능력 비교

토양 알갱이가 굵어 물을 간직할 수 있는 능력이 시원치 않기 때문이다.

어느 날 서울 관악산과 강원도 인제 점봉산 토양의 수분보유능력을 비교해 봤다. 비교 방식은 간단하다. 두 개의 페트병(300ml가 적당)을 마련하여 뚜껑에 작은 구멍을 몇 개 뚫는다. 뚜껑의 안쪽을 여과지로 가리고 다시 병을 잠근다. 그다음, 병의 몸통 중간을 자르고 마개가 있는 윗부분을 뒤집어서 아랫부분 위에 얹어 둔다. 각각의 병에 비교할 토양을 같은 부피로 넣는다. 드러난 토양의 표면이 파이지 않도록 여과지로 덮고 일정한 양(300ml 물병에는 60ml가 적당)의 물을 천천히 붓는다. 이제 지켜보면 된다. 물의 일부가 토양을 거쳐 점차 아래로 빠져나온다. 부은 물과 빠져나온 물의 양 차이가 토양의 근사 수분보유능력을 가리킨다. 그것은 중력을 견디며 토양의 빈틈 사이에 머물러 있는 물의 양이다.

실험 결과 점봉산 토양은 관악산 토양보다 두 배가 조금 넘는 물을 간직하는 것으로 드러났다. 비가 충분히 내린 다음 그치면 관악산 토양은 점봉산 토양의 반에 못 미치는 물을 보유한다는 뜻이다. 이런 차이는 점봉산의 토양 입자가 비교적 섬세하고, 부식질이 넉넉하게 축적된 결과로 봐도 무리가 없다. 이처럼 내 출근길인 관악구 일대의 토양은 메마르다.

메마른 땅의 미생물과 식물들은 수분부족에 예민하다. 그래서 물 결핍의 징후가 잎에 쉽게 드러난다. 삶에 필수적인 다른 자원들에 비해 물이 상대적으로 뚜렷이 적기 때문이다. 사람들이 이미 확보한 자원보다 얻기 힘든 자원에 더 민감하게 반응하는 것과 비슷하다.

출근길에 만나는 나무들의 어려운 처지는 서울대학교 뒷문에서 교수아파트 쪽으로 이어지는 길을 걸어보면 단박에 보인다. 그곳엔 같은 시기에 심은 은행나무 가로수들이 세 줄로 서 있다. 그 가로수 줄기의 굵기는 도로의 왼쪽과 오른쪽, 중앙분리대 순이다. 가뭄이 길어지는 봄이나 여름

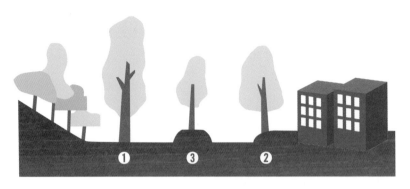

▲ 서울대학교 뒷문에서 교수아파트 쪽으로 내려가는 길의 단면과 도로 위의 가로수들. 번호는 가로수의 건강성과 줄기의 굵기 순서를 나타낸다.

에 잎이 시드는 순서는 역순이다. 가을에 단풍이 드는 순서도 잎이 시드는 순서와 같다. 왜 그럴까? 이곳의 나무들은 대부분 물 사정이 열악할수록 느리게 자라고, 가물 때 잎이 빨리 시들며, 가을에 단풍이 빨리 든다.

중앙분리대의 사방은 아스팔트로 덮여 비가 올 때 물이 땅속으로 침투하기 어렵다. 2번 가로수가 서 있는 보도는 이웃 땅이 아스팔트로 덮이는 정도가 덜한 편이라 물이 조금이나마 땅속으로 스며든다. 1번 가로수들은 숲 비탈이 있어 행복하다. 숲 비탈에 내린 빗물이 땅속으로 비스듬히 흘러내려 1번 보도의 가로수의 뿌리를 적셔 주기 때문이다. 이렇게 이웃한 세 줄의 가로수에서도 나무들의 행복도가 나뉘었다. 그러나 이곳 가로수들은 이제 불행의 평준화를 맞았다. 2016년 왼쪽 비탈의 숲은 신축건물 공사로 사라졌고, 땅은 포장 재료로 숨통이 막혔다.

아파트 단지라도 5월이면 길가에 삶의 뿌리를 내린 느티나무들조차 제법 늠름하다. 땅속 깊숙이 뿌리를 내리고 안간힘을 쓰며 물을 빨아올려 저렇게 싱싱하리라. 하지만 이제 아파트 조경에 굳이 큰 나무를 옮겨 심는 방식은 자제하면 좋겠다. 공터에서 서 있는 제법 큰 소나무들 모습이

측은하기 때문이다. 그곳에 심긴 두세 그루의 큰 소나무와 모든 반송은 새로운 땅에서 견디지 못하고 삶을 마감했다. 2008년 11월 4일에 처음으로 사진을 찍고 확인했는데 이미 반송은 누렇게 변하고 있었다. 이듬해 5월 4일 두 번째 찍었는데 반송도 거의 죽어가고 있었다. 이것은 우리 도시에서 유행처럼 번지는 큰 나무 옮겨심기의 우울한 국면이다. 내게는 이 풍토가 마치 평생 한적한 시골에 살던 노인을 번잡한 도시로 강제 이주시킨 모습으로 비치기도 한다. 오늘날 도시의 아파트를 장식하는 큰 나무들은 대부분 우울증에 걸렸거나 걸리기 직전일 듯하다. 과연 그들은 고향을 떠나 얼마나 먼 길을 둘러 여기까지 왔을까?

2009년 초겨울, 추위가 다른 해보다 일찍 온 다음의 일이다. 아파트 길목에 서 있는 단풍나무 한 그루가 때 이른 찬바람을 온몸으로 맞았다. 나무는 내게 속삭인다.

"찬바람이 저쪽 진입로를 따라와 나를 괴롭혔어요. 나는 아직 겨울 준비도 하지 못했는데…. 모진 바람에 이렇게 상했어요. 보세요. 잎 색깔이 보기 흉하죠? 마지막 안간힘을 다해 내년 먹이를 좀 더 비축해야 하는데 이 꼴이 되었네요."

단풍나무 또한 몇 년을 견뎠지만 결국 죽음을 맞았다.

머지않아 차도에 이른다. 신호등이 바뀌기를 기다리며 나는 잠시 멈춘다. 건널목 맞은편에는 한 무리의 초등학생들이 나처럼 서 있다. 아이들이 다니는 초등학교가 내가 서 있는 이쪽에 있기 때문이다. 저들은 끊임없이 재잘거리고, 난 혼자 우두커니 서 있다. 이 장면을 누군가 멀리서 바라본다면 어린 소년소녀들과 노년의 사내 사이에 놓인 마음의 거리를 담은 풍속도와 같겠다. 그 대비 안에서 관심은 일방적인 듯하다. 어느새 나는 풋풋한 꼬마들을 스치는 것만으로도 위무받는 나이가 되었다.

느릅나무와 팽나무를 만나 되살아난 추억
현재와 과거, 사람과 사람을 잇는 다리가 되다

건널목을 지나면 소음을 피하는 길은 아파트 사이로 이어진다. 겨울엔 20층이 넘는 아파트 사잇길이 싫다. 그러나 봄이 깊어지면 사정이 달라진다. 드리운 그림자 안에서 따가운 햇살을 피할 수 있어 오히려 반갑다. 나는 나무들이 콘크리트 벽을 가리며 푸른 기운을 발산하는 그 길을 즐겨 지난다.

건물 사이의 분리대 끝부분에 서 있는 두 그루의 느릅나무와, 배드민턴 운동장의 울타리 입구에 수문장처럼 서 있는 두 그루의 팽나무는 서울의 조경수로는 흔하지 않은 편이다 - 나의 나무 식별력은 정교하지 않은 편이라 이 나무들은 각각 참느릅나무와 폭나무일지도 모른다. 이 글을 쓰게 된 덕분에 도감에서 확인한 내용을 소개하면 다음과 같다. 느릅나무는 잎이 길이 8~19cm로 상대적으로 크고 뒷면에 털이 있으나, 참느릅나무 잎은 길이 2~5cm로 작고 톱니가 단순하며 양면에 털이 없는 것으로 구분한다. 폭나무는 잎끝이 꼬리처럼 갑자기 길어지고 겨울눈과 작은 가지에 곧고 노란 털이 있는 반면에 팽나무는 잎끝이 길어지지 않고, 겨울눈과 작은 가지에 흰 털이 있는 것으로 구분한다.

느릅나무는 오래전에 돌아가신 할머니와 나를 이어주던 끈이 되어 눈길이 자주 간다. 초등학교 들어가기 전 어느 날 갑자기 내 오른쪽 허벅지가 부어올랐다. 두려운 마음에 감추고 있었지만 심상찮은 내 행동을 눈치 챈 어른들에게 금세 발각되었다. 어른들은 "가래톳이 섰다."라고 진단을 내렸다. 그리하여 나는 읍내 의사의 수술 칼이 몸에 닿는 공포와 맞섰다. 수술대에 누워 바동거리던 기억이 아직도 선명하다. 하지만 고통은 기억나지 않는다. 아마도 예리한 칼을 보고 지레 겁을 먹었던 것이리라. 집도를 한 의사에게 욕을 퍼부었다는 이야기는 나중에 들었다. 의사가 처방한 약을 할머니께서 정성껏 발라주셨으나 수술자국은 쉽게 아물지 않았다. 오히려 옆 부분을 살짝 누르면 상처에서 고름이 솟았다. 곪은 부위가 덧난 것이다. 할머니는 징징대는 일곱 살 나를 끌며 이번에는 재너머 할아버지 의사에게 데려가셨다. 난 다시 공포의 칼 앞에 누웠다. 그런데 희한하게도 수술은 아무런 고통 없이 순식간에 끝났다. 그리고 빻아 바른 느릅나무 껍질이 효능을 발휘하여 상처도 어느새 아물었다. 양의가 해결하지 못한 농증을 요샛말로는 무면허 의사인 할아버지가 거뜬하게 해결한 셈이다. 아마 이 경험으로 인해 대체의학에 대한 신뢰가 내 무의식 속에 깊이 자리 잡았던가 보다. 그것은 늦은 나이에 몰두하는 전통생태학에 대한 관심으로 뻗어나갔을 것이다.

느릅나무를 지나면 금방 두 그루 팽나무를 만난다. '서울에서는 흔하지 않은 팽나무가 이곳에 있다니…….' 모처럼 발견한 팽나무에 내 발걸음은 더욱 가볍다.

고향집 뒤란 경계엔 위용을 자랑하는 팽나무가 지금도 서 있다. 마을에서 집과 집을 구분하기 위해 팽나무를 하나씩 심은 흔적이라는 사실을 최근에 들었다. 그만큼 팽나무는 오랫동안 남도 사람들의 삶과 밀접한 관계를 맺으며 이 땅에 살아왔다. 그 나무도 할머니와 나를 잇는 사연을 지녔다. 어느 날 어린 나는 팽나무 둥치를 기어오르다가 알을 품고 앉은 멧비둘기를 발견한 적이 있다. 빤히 내 눈과 맞추던 비둘기가 견디지 못하고 도망가자 두 개의 알이 나타났다. 나는 그 알을 훔쳐오고 할머니가 삶으셨는데, 우리는 껍질을 벗겨보고 당황했다. 이미 제법 새끼 비둘

▲▼ 고향집과 이웃집의 경계에 있는 팽나무

기 형체를 갖춘 모습이 그 안에 들어 있었다. 이 경험은 내게 생명에 대한 죄의식을 안긴 뚜렷한 사건이다.

봄날의 푸른 팽나무 열매는 딱총놀이의 좋은 소재였다. 작은 대나무를 잘라 대롱을 만들고 그 안에 풋풋한 녹색의 팽나무 열매를 넣은 다음 새로운 열매를 하나 더 밀어 넣으면 앞선 열매가 압력을 견디지 못하고 '폭' 소리를 내며 날아갔다. 우리는 그 장난감을 폭구총이라 불렀다. 고향마을에서는 그 나무를 폭구나무라고 부르는데, 우리가 쏘던 딱총소리에서 그런 이름이 유래된 것이 아닐까 짐작해본다.

이제 서울에도 이곳저곳에 팽나무가 있다. 대부분이 조경수다. 버스를 타기 위해 연구실에서 나와 서울대학교 정문까지 걷는 날이면 경영대학과 대운동장 사이의 언덕길에서 열매가 달린 팽나무를 만날 수 있다. 또한 국립중앙박물관 앞 광장에서도 열 그루가 넘는 팽나무들이 짙은 그늘을 뽐낸다. 주로 남도에서만 살던 팽나무가 그곳에 서 있게 된 것은 어쩌면 서울이 이전보다 더 따뜻해졌기 때문일지도 모른다.

소박한 손길을 느끼는 즐거움
동네 풍경에는 사람들의 세월이 묻어 있다

아파트 사이를 지나 다시 건널목을 건너면 개인주택들이 즐비하게 이어진다. 담 너머엔 작은 정원이 있나 보다. 모과나무와 감나무들이 고개를 내미는 집도 있다. 그중에서도 주차장 옥상에 토란을 심은 집은 유난히 관심을 끈다. 토란 옆으로 옥매화와 오갈피나무, 들깨도 눈에 들어온다. 그 뒤로 보이는 2층 베란다에는 화분을 놓고 꽃을 심었다. 새소리가 들리지 않아도 감나무 녹음이 짙은 그 집 정원은 정겹다. 주인도 아닌 나는 좀 지나친 기대를 한다. '저 담들을 허물고 생울타리나 좀 더 열린 정원을 가꾸는 날이 있기를⋯⋯.'

다시 내 발걸음은 차량과 소음을 피해 작은 길을 찾는다. 깃발이 나부끼는 점집 앞에서 한 자락 아름다운 마음을 만난다. 허름한 판자들을 잇댄 깔판 위에 화분들을 늘어놓은 풍경이 푸근하다. 저렇게 꽃을 가꾸는 손길의 주인공은 얼마나 여유로운 마음을 지녔을까? 언젠가 그 화분들을 돌보는, 연세가 지긋한 어른을 본 적이 있다. '운이 좋아 그분과 손자, 손녀가 함께 있는 모습을 사진에 담을 수 있는 날이 오기를⋯⋯.' 그러나 내 희망은 이제 물 건너간 일인 듯하다. 어느 해부터 이 풍경은 사라졌다. 무슨 연유일까? 궁금증을 품은 세월이 길어졌다.

어떤 연유로 보잘것없는 공간에도 흙을 마련하고 식물을 가꾸는 소양과 마음을 지닌 사람들이 생기는 걸까? 그것은 주민들이 가진 내려와 분명히 관련이 있을 터이다. 경험이 있기에 자투리땅에 채소나 화초를 심고 가꾸는 일이 쉽지 않겠는가. 그렇다면 그분들이 연로해지면 어떻게

▲ 담장 너머 감나무와 주차장 옥상 위의 토란, 그 오른쪽으로 베란다에 화분이 놓인 집
▼ 담장을 가리는 길가 화분들

▲ 버려야 할 변기를 화분으로 탈바꿈시킨 모습. 서울 종묘 부근 ⓒ 이혜민
▼ 화분으로 사용되는 신발. 터키 셀축-에베소 전통마을인 시린세의 식당입구

될까? 경험이 전수되지 않으면 풍경도 사라지지 않겠는가? 나중에 내 강의를 들은 한 여학생이 혼자서 그 집을 찾아간 모양이다. 학생은 힘이 들어 그만두었다는 주인의 대답을 내게 들려주었다. '아뿔싸, 핵가족 구조에서는 가계를 통한 임무 이양 또는 대를 이은 저들만의 은밀한 가르침도 어렵다는 말이겠구나.'

이 사연을 관악구와 서울대학교 환경대학원이 함께 운영하는 시민환경대학에서 소개한 적이 있다. 강의가 끝난 다음 중년여성 한 분이 내게 다가왔다. 그분은 자기도 관심을 가지고 보던 비슷한 풍경을 내가 소개해서 반갑다며 인사했다. 그리고 자신의 휴대전화에 담아둔 여러 장의 사진을 자랑스럽게 보여주었다. 관악구에는 유별나게 개인 집 앞에 내어놓은 예쁜 화분들이 많다는 소감도 곁들였다. 이런 날은 흐뭇하다. 혼자만의 짐작이 공감을 얻는 기회니까.

대학원의 조경학도를 대상으로 한 강의에서도 이 사연을 얘기한 적이 있다. 이때 한 학생이 낡은 변기를 멋진 화분으로 탈바꿈한 사진을 소개했다. 새로운 발상이 곁들어진 셈이다. 나는 먼 나라 여행에서 버려진 신발이 앙증맞은 화분으로 꾸며진 광경도 만났다.

이런 경험을 엮어 욕심을 내어본다. 만약 행정기관(예를 들면 관악구청)이 1년에 한 번이라도 '내 집 앞 가꾸기' 또는 '우리 동네 함께 꾸미기' 등 다양한 활동을 품평하는 연례행사를 주선해보면 어떨까? 그렇게 주민들을 독려하면 더 많은 가능성이 열리지 않을까? 지역 주민과 디자인 학도들이 어우러져 새로운 작품을 만드는 길을 찾고 우리 지역을 더욱 아름답게 꾸밀 기운이 사회 곳곳으로 퍼져나가는 힘이 되지 않을까? 이 작은 꿈을 품고 나는 가던 길을 마저 걸어간다.

도시의 싱싱한 기운, 우리집 꽃밭
도시정원의 시작을 작은 화분에서

이 길에서 얻은 착상을 바탕으로 나는 글을 하나 발표한 적이 있다. '녹지 위계와 환경 회복탄력성(resilience)'이란 제목의 글이다. 여기서 위계란 시스템 구성의 주요 특성을 나타내는 학술 용어다.

나무의 밑둥치엔 굵은 뿌리가 있다. 뿌리는 끝으로 갈수록 점점 가늘어지고, 마침내 실뿌리로 이어진다. 하지만 연륜을 기준으로 삼으면 관점이 달라진다. 실뿌리가 점점 자라 굵은 뿌리로 바뀌는 위계를 갖고 있기 때문이다. 나무에서 필요한 물과 영양소를 열심히 빨아들이는 실체는 가장 나중에 생긴 실뿌리다. 굵은 뿌리는 실뿌리가 기능을 원활하게 수행하도록 여건을 굳건히 지켜주는 소임을 맡는다. 이것은 인간 세상에서 연륜이 쌓인 노인이 자식과 손자손녀 세대의 길을 닦아주는 이치와 비슷한 면이 있다. 뿌리의 위계적 특성 중 하나이기도 하다.

뿌리의 위계성은 손상에 대한 반응에서도 나타난다. 실뿌리는 작은 힘으로도 쉽게 훼손되기도 하지만 다행히 그런 정도로는 나무가 끄떡없이 삶을 헤쳐 나간다. 또한 훼손된 실뿌리는 금방 재생된다. 그러나 굵은 뿌리의 물리적 훼손과 병충해 피해는 잦지 않지만 한번 당하면 나무가 받는 충격은 만만치 않다. 새롭게 굵은 뿌리를 갖추자면 꽤 오랜 시간이 걸린다. 나무줄기와 닿은 밑둥치 부분의 중심 뿌리는 쉽게 손상되지 않지만 큰 교란으로 망가지면 나무는 견디기 못하고 생을 마감하기 마련이다.

실뿌리든 굵은 뿌리든 죽으면 썩는다(분해된다). 썩으면 무기영양소로 변환된 다음 식물이나 미생물에 흡수되어 다시 이용된다. 이때 분해의 산물인 영양소가 나무를 떠나고 되돌아가는 주기는 대략 뿌리 굵기에 비례한다. 작은 뿌리는 재빨리 분해되고 그 속에 포함되어 있던 영양소(예를 들면 질소)는 오래지 않아 식물에 흡수된다. 큰 뿌리는 죽은 다음 썩는 데 긴 시간이 걸린다. 자잘한 실뿌리에 비해 밖으로 드러난 표면적도 작고 분해자인 미생물들이 좋아하는 성분 함량이 낮기 때문이다. 따라서 큰 뿌리에 포함된 영양소를 나무가 다시 흡수하자면 아주 긴 세월이 흘러야 한다. 이렇게 뿌리는 크기의 위계에 따라 외부작용에 의한 손상 민감도와, 죽어 발생한 영양소가 재활용되는 시간주기가 다르다. 즉, 하위수준은 조급하고(반응속도가 빠르고), 상위수준은 대범한(반응속도가 느린) 위계의 일반성을 잘 보여주는 보기가 된다.

비슷한 형식의 위계를 우리 주위에서 심심찮게 본다. 이를테면 우리 몸의 구조와 기업 운영에서도 나무뿌리 위계와 닮은꼴을 만난다. 우리의 순환기관은 심장을 정점으로 대동맥-정맥-실핏줄로 이어지는 위계 구조를 이루며 기능을 체계적으로 이어간다. 기업운영은 보통 대표 아래로 전무나 상무로 시작해 과장-대리-실무자로 이루어진 조직으로 수행된다. 또한 실핏줄과 실무자는 비교적 쉽게 충원할 수 있지만 대동맥을 재생하거나 기업대표를 교체하는 일은 아주 어렵다. 그러나 우리 몸의 순환과 기업의 운영에서 현장 업무는 각각 실핏줄과 실무자들이 맡는다.

메마른 도시에 청량감을 보태주는 녹지에서도 그런 순리가 엿보인다. 도시엔 대공원이 있고, 작은 공원도 있으며, 동네엔 작은 쌈지공원도 있고, 집에는 뜰과 화분이 있다. 그런데 우리네 도시에서 실뿌리와 실핏줄, 실무자를 닮은 아주 작은 녹지와 뜰에는 그에 걸맞은 섬세한 관심과 손질을 보기가 쉽지 않다. 현재 행정기관에서 대규모 녹지 조성에만 너무 큰 비중을 두고 있기 때문이다. 이것이 오늘날 내가 아쉬워하는 이 땅의 풍토다.

이제 메마른 도시를 수놓는 공간을 조성하기 위해 가정집의 작은 화단 가꾸기 사업에 예산을 책정해보면 어떨까? 그렇게 실뿌리 같은 작은 공간들이 모여 조화로운 도시를 조성할 수 있지 않을까?

몸에서는 실핏줄이, 땅에서는 실뿌리가, 회사에서는 실무자가 곳곳으로 뻗어 엄청난 일을 한다는 사실을 상기해보라. 수없이 많은 작은 화단과 화분에서 물이 수증기가 되는 동안 도시의 열기를 식히고 토양 미생물과 식물은 공기와 땅의 오염물질을 제거할 것이다. 흙이 담긴 화단의 땅속으로 스며드는 빗물의 양도 집집마다 모아보면 만만치 않을 터이다. 그 물의 양이 많으면 많을수록 배수구로 빠져나가는 물과 홍수 피해는 줄어든다.

그런 변화로 주민이 녹지를 가꾸며 얻는 경험은 삶의 시간 위계를 넉넉하게 만들 것이 분명하다. 또한 많은 사람들이 가정의 녹지가 주는 혜택을 몸으로 누릴 수 있다. 하루하루 내 집 녹지를 가꾸고 즐길 수 있는 삶이 있다면 녹지에 대한 관심과 배려도 당연히 늘어나지 않을까? 경험에서 얻는 실뿌리 같은 느낌은 상위 규모의 녹지로 이어지는 감수성을 키우는 데도 당연히 한몫할 것이다. 그 감수성의 소유자가 주말에 가까운 공원을 찾고, 한 달에 한 번 정도는 더 큰 자연으로, 그리고 1년에 한 번 정도는 훨씬 멀고 위대한 자연으로 가는 위계적 경험을 누릴 가능성이 크다. 감성이 풍부한 사람들이 모이면 더 넉넉한 정책도 자연스럽게 따라올 수밖에 없다. 이런 변화는 녹지 위계 구조의 다양성을 키워 나라의 환경 회복탄력성을 증진시키는 효과가 되리라.

잠시 마음이 돌처럼 무거워지는 거리
도로 연석과 나라 사정의 상관관계

정겨운 골목을 벗어나면 이제부터 보행자는 한동안 긴장의 시간을 감내해야 한다. 넓은 차도가 앞을 가로막는다. 이곳은 내가 학생일 때 가끔씩 흐르는 물이 보이던 봉천천을 덮은 곳이다. 이제는 차도 아래 빈 공간이 있다는 사실을 아는 사람도 드문 듯하다. 이름하여 복개도로다. 옛 강둑에는 흙을 두둑하게 쌓아 화단을 만들었다. 화단과 건물 사이 공간은 갓길 주차장과 차 한 대가 겨우 지나갈 정도의 소로가 차지한다. 대체로 월요일 아침이면 복개도로는 꽤 막힌다. 그럴 때면 소로로 진입하여 사거리 교차로까지 와서 새치기를 하는 차들이 거의 틀림없이 나타난다. 약삭빠른 운전자의 차들이다.

차도와 소로 사이의 화단은 높고, 연석은 유난히 크고 높다. 내가 그런 사실을 알아챈 것이 막히는 차 안에서였는지 아니면 걸어서 연구실에 갈 때였는지 확신이 서지 않는다. 다만 걷는 기회에 실제 모습을 자세히 살피고 사진기에 담은 것만은 분명하다. 어느 날 미국과 캐나다에 있는 지기들에게 그곳 연석 사진 몇 장을 요청했다. 비교해보니 역시 우리네 도시 연석이 유별나게 크다. 이런 이야기를 강의에서 소개했더니 어떤 학생이 말했다. 아마도 잦은 개구리 주차를 막는 방편으로 그렇게 키웠을 것이라고.

우리 도시의 도로 연석은 어느 때부터인가 시멘트 소재에서 석재로 바뀐 것으로 보인다. 아마도 싼값에 돌을 구하면서 그런 변화가 일어났나 보다. 이 돌들은 어디서 왔을까? 외국에서 수입했다면 그 과정에 얼마나 많은 화석연료를 태우고, 이산화탄소를 발생시키며 여기까지 왔을까? 이러한 환경비용은 누가 감당하는 것일까? 그리고 이 땅에서 도로 연석의 수명은 얼마나 될까? 연말이면 남아 있는 예산을 쓰기 위해 대체로 무모하게 보도를 뜯어내고 바꾸는 풍토가 만연한 이 나라 사정을 보면 수명이 그리 길지는 않은 것 같다. 연석이 큰 만큼 건설폐기물 역시 늘어나겠다. 2010년 9월 자전거 도로를 만들면서 봉천천 복개도로의 연석도 교체했는데 원래 있던 돌들을 재활용했는지는 확인하지 못했다.

학생의 추측대로 개구리 주차를 막자고 우리 도로의 연석이 굳이 큰 것일까? 그리고 연말 예산을 처리하기 위해 연석 교체공사가 잦은 것도 맞는 말일까? 그렇다면 이건 매우 슬픈 현실이다. 행정기관이 더 많은 예산과 자원을 낭비하며 더 많은 건설폐기물을 만드는 정책을 강구하고 있는 셈이니 말이다.

내 넓지 않은 여행 경험을 바탕으로 짐작해보건대 대략 후진국일수록 보도는 좁고 연석은 높았다. 이제 북미와 유럽, 중국, 일본, 우리나라 수도의 연석 크기와 수명의 차이를 낳는 사회적 이유, 그리고 그에 따라 야기되는 환경영향을 비교해보면 어떨까? 국제화와 인터넷 시대에 학생연대를 만든다면 그다지 어렵지 않은 과제가 될 터이다. 연구결과가 우리 사회에 안겨줄 파급효과는 만만치 않을 듯하다.

출근길은 계속되고 건널목을 한 번 더 건너면 나는 조금 안도한다. 다시 자동차 소음을 상대적으로 피할 수 있는 공간이 나온다. 그러나 썩 마음에 들지 않는 시간을 좀 더 견뎌내야 한다. 막히는 대로를 피해 골목으로 찾아든 차들이 내뿜는 매연과 밤새 버려진 쓰레기봉투 등이 걸어오는 말은 달갑지 않다. 담배를 손가락 사이에 끼고 앞서가는 사람이 있는 날이면 더욱 그렇다. 그보다 앞서고 싶은 내 마음은 초조해진다. 그런 풍경

◀ 출근길의 연석
▶ 독일 바이로이트의 연석

에 초연해지자면 얼마나 더 긴 수양의 세월을 거쳐야 할까?

그곳에서 나는 또 다른 인간 생태를 만난다. 길바닥에 흩어져 있는 반라의 여성 사진들이다. 이곳은 소위 러브호텔이 길 양쪽으로 기립해 있는 공간이다. 언젠가 들은 이야기가 있다. 서울대학교의 어떤 교수가 국제회의에 외국 전문가들을 초청하였는데 마땅한 숙소가 없어 러브호텔 중 하나를 숙소로 정했다가 외국 손님의 핀잔을 들었다는 내용이다. 부끄러운 일화지만 이것이 이 나라의 현실이다.

곱게 단장한 초등학교 옹벽이 얼마나 갈까?
전통정원의 화계를 다시 보자

출근길은 한 번 더 차도를 건너고 관악구청을 지나 구민회관 앞으로 이어진다. 이쯤에서 나는 어느새 등교하는 초등학생들과 나란히 걷는다. 하지만 학생들의 등굣길은 매우 열악하다. 내 마음을 누르는 청룡초등학교의 높은 축대는 물론, 사람의 길도, 차가 다니는 길도 비좁기만 하다. 게다가 등교시간에는 늘 어린이들과 차들이 붐빈다. 이곳은 아예 차량통행을 금지하면 좋겠는데 이것은 걷는 자의 지나친 바람일까? 그렇게 시간이 흘러 지금은 등교시간에 잠시 차량진입을 통제하는 방식을 도입했다. 그나마 다행이다.

한동안 걷기가 좀 뜸했다. 그러다 모처럼 걸어서 등교하는 어느 봄날, 나는 새롭게 단장한 초등학교 옹벽을 만났다. 그 옹벽은 운동장에서 풀풀 날린 먼지가 잔뜩 쌓였던 곳이다. 말끔한 모습을 바라보는 내 눈이 한결 시원하다. 초등학교 정문 앞에서 햇병아리 같은 어린이들의 등교를 돕는 젊은 선생님과 인사를 나눈다. 오늘은 간단한 목례로 지나치기엔 아쉽다.

"선생님, 축대를 깔끔하게 꾸몄네요."

"예, 새로 페인트칠을 하고 예쁘게 단장했지요." 목소리가 경쾌하다.

"그런데 비가 오면 흙탕물이 흘러넘치지 않을까요? 그러면 다시 더러워질 터인데…"

"예, 관악구청에 녹지 조성을 위한 예산을 신청해놓긴 했어요."

공교롭게도 그날 오후 비가 내렸다. 궁금해진 나는 다음날 그 길을 가

▲ 초등학생들의 등굣길
▼ 청룡초등학교 운동장 옹벽 치장 후

▲ 운동장에서 넘치는 빗물
▼ 비가 내린 후 운동장의 흙이 넘친 자국이 생긴 옹벽

보기로 했다. 우려했던 대로 옹벽에는 벌써 얼룩이 올라앉았다. 하루 사이에 일어난 일이 어렵지 않게 그려진다. 운동장 흙을 운반한 빗물이 정성 들여 새 옷을 입힌 벽면을 속절없이 타고 내린 것이다. 일주일가량 지나고 나는 다시 비가 오는 하굣길에 그곳을 가봤다. 옹벽을 타고 내린 흙탕물이 배수구로 콸콸 쏟아진다. 가만히 보니 옹벽 한쪽에 2007년 10월 초순 사흘에 걸쳐 벽화를 그렸다고 기록을 해놓았다. 대략 반년 사이에 다시 더럽혀진 것이다.

운동장을 따라 배수로를 제대로 마련하고 잔디밭이라도 곁들였더라면 어땠을까? '흙탕물이 걸러져서 정성 들여 그린 벽화를 그렇게까지 훼손하지는 않았을 터인데…….' 나는 나중에 소개할 '식생완충대'의 효과를 생각하고 있는 것이다.

교문을 지키던 선생님과 짧은 대화를 나누고 세월이 12년 가까이 흘렀다. 학교는 관악구청의 지원을 받지 못했던가 보다. 그동안 운동장 모습은 여전하고 벽면은 더욱 퇴색되어 지저분하다. 아무래도 높은 옹벽과 페인트 단장으로 해결될 문제가 아닌 듯하다. 학생들의 정서를 고려한다면 벽면 녹화를 고려해보는 것이 좋겠다. 운동장 크기를 조금 줄이더라도 옹벽을 계단으로 바꾸고 화초를 심는 것도 하나의 대안이 되겠다. 나는 우리 전통정원의 자랑, 화계를 상상해본다.

"선생님 여러분, 학생들과 함께 운동장 변두리에 화단 가꾸기를 해보세요. 그렇게 녹지를 늘리면 삭막하지도 않고, 도림천으로 흘러드는 흙탕물도 줄어서 좋지 않겠어요? 관악구청 담당자님, 언제 한번 구청에서 청룡초등학교 정문까지 걸어보시면 어떨까요? 그곳으로 당신의 어린 자녀들이 늘 다닌다고 상상해보세요."

상수리나무 숲을 지날 때
상수리나무의 줄기에 남은 어린 날의 아픔

청룡초등학교와 관악경찰서 사이엔 내 눈을 끄는 특별한 공간이 있다. 바로 상수리나무 숲이 있는 자투리땅이다. 그런데 안타깝게도 학교와 숲 사이는 철조망으로 가로막혀 있다. 그것은 바깥사람이 쉽게 학교로 접근하면 안 되고, 학생들이 숲으로 나가면 안 된다는 경고의 상징이다. 지난날 담장 위에 날선 사금파리나 쇠꼬챙이를 꽂던 풍토보다 조금 낫기는 하겠으나 바라보는 내 마음은 여전히 불편하다. 우리는 일찍부터 그런 심리를 가졌던가? 아니면 20세기 전반부 일제 압박과 1960년대 이후 나라를 다스리던 군인들의 위세가 잠시 남긴 자락일까?

숲을 이루는 상수리나무 줄기의 중간부분이 볼록 튀어나왔다. 가만히 보면 껍질이 벗겨져 속살이 흉참하게 드러난 곳도 있다. 고향마을에도, 전국 곳곳의 마을이나 산기슭에도 남아 있는 상수리나무들 줄기에는 거의 어김없이 비슷한 상흔이 있다. 그 부위는 대략 소년들이나 어른들의 머리 위로 손을 올린 높이에 있다. 그것은 이 땅에 배고픈 사람들이 많던 시절이 그려둔 흔적이다.

그리 오래지 않은 지난날, 사람들은 주린 배를 달래려고 도토리를 주웠다. 그러나 너도나도 줍던 터라 땅에 떨어진 도토리는 그다지 많지 않았다. 나무에는 아직 매달려 있는 도토리들이 있었다. 그 나무에 달린 도토리를 내 것으로 만들자면 털어내야 했다. 도토리를 터는 한 가지 방식은 나무둥치에 충격을 주는 것이다. 사람들은 큰 돌을 치켜들고 나무둥치를 때렸다. 돌에 맞은 나무껍질은 짓이겨지고 나무줄기엔 진물이 흘러

▲▼ 돌에 맞아 생긴 상흔으로 굵어진 전통 마을숲의 상수리나무 줄기(강원도 춘천시 남산면 남이섬, 전라북도 장수군 계남면 신전리 양신마을)

상처가 남았다. 세월의 흐름과 함께 나무는 스스로 상처를 치유하지만, 불구의 몸이 된다.

배고픈 시절이 물러가는 동안 이 땅의 상수리나무들이 겪던 고초도 줄어들었다. 시골 풍경도 그런 만큼 조금씩 바뀌고 있다. 그러나 돌 맞은 나무들은 쓰러지는 날까지 그 상흔을 안고 갈 것이다. 내 기억이 살아 있는 한 아스라한 마음의 옹이도 여전하리라.

상수리나무는 보릿고개를 넘던 가난한 시절에 특별히 고마운 존재였다. 사람들은 도토리를 모아 끼니를 때우기도 했다. 실제로 도토리는 조선시대의 중요한 구황식물이었다. 그러기에 벼농사가 흉년이면 도토리는 그나마 풍년이 든다는 사실을 옛사람들은 알고 있었다. 봄에 비가 많이 오면 천수답에 의지하던 논농사는 대체로 풍작이었다. 그 대신에 그런 날씨에서는 참나무속 식물들의 수술 가루가 날리지 않으니 암술과 만나기 어렵고 도토리가 많이 열리지 않는다. 결실을 하자면 암수가 만나야 한다는 사실은 인류의 역사와 함께 깨우쳤던 생존의 과학이 아닌가? 그런 이치를 익힌 옛사람들은 쌀농사가 흉년이면 도토리로 굶주린 배를 달래기도 했다. 나무의 상처는 그런 역사를 넌지시 알리고 있는 셈이다.

햇살이 따가운 여름이면 돌을 맞은 상수리나무 상처에는 수액이 흘렀다. 그 자리에 먹이를 얻기 위해 날아든 풍뎅이는 심심한 시골 소년들의 마음에 잔인성을 심었다. 그러기에 1962년 경상북도 안동 태생인 안상학은 시집 『오래된 엽서』에서 '풍뎅이의 목을 비틀어 놓고 아무렇지도 않게 노래 부르며 땅을 어르던 어린 시절, 그 마음으로 시를 쓰고 싶었다.'라고 했다. 최두석 시인은 시집 『꽃에게 길을 묻는다』에서 풍뎅이의 애환을 이렇게 읊어 놓았다.

풍뎅이

지금은 어느 하늘을 날고 있는지
풍뎅이들아 미안하다
철모르던 시골아이의
기억의 헛간 속에 묻어두고 있었다만
다만 놀이로
수많은 너희들의 목을 비틀었구나

참나무 수액을 빠느라 정신없는
너희들을 붙들어
다리를 분지르고 목을 비틀어
땅바닥에 뉘어 놓고서
"핀둥아 핀둥아 갈미봉에 비 몰려온다
마당 쓸어라" 노래하며
손바닥으로 땅바닥을 두드리면
땅바닥을 헛되이 맴돌던 분망한 날갯짓이
뒤늦게 눈에 아프구나

심심하면 못 견디는 인간으로 태어나
놀이에 정신이 팔려
너희의 고통을 목숨을
장난의 재물로 삼았구나
이제 유심히 참나무를 살펴도
잘 눈에 띄지 않는 풍뎅이들아.

나는 시인의 이력을 살펴보지 않을 수가 없었다. 시집의 표지 날개를 펼쳐보니 역시 그렇다. 살아온 지리적 거리는 멀어도 비슷한 풍경 안에서 살며 세월을 보낸 사람인 줄 알겠다. '1955년 전남 담양에서 출생하여…….'

풍뎅이를 전라도 담양 땅에서는 핀둥이라 부른 모양이다. 핑핑 돌거나 날갯짓을 하는 느낌이 묻어 있는 이름이다. 확실한지 모르겠으나 풍뎅이 어원이 거기서 비롯된 것으로 짐작된다. 우리 동네에서는 동주깨미라 불렀다. 거의 나 혼자의 머리에 남아 있는 희귀한 사투리인 듯하다. 그 이름에 무슨 뜻이 숨어 있는지 모른다. 나는 동향의 지기들에게 그 이름을 들은 적이 있는지 가끔 물어본다. 초등학생 때 고향을 떠났던 친구들의 기억은 대부분 깜깜하다. 이해가 된다. 나도 까맣게 잊어버렸던 그 사투리를 어느 날 문득 떠올렸다. 최근에야 그 말을 썼다는 동년배를 겨우 한 사람 만났다. 사투리에서 벗어나려는 긴 세월의 노력이 선조들과의 단절을 만든다는 사실이 못내 마음에 걸린다. 언젠가 사투리에 담긴 지역의 생태를 읽는 날이 내게 올까? 나는 그런 날을 준비하고 있건만…….

내 한 조각 기억에는 상수리나무들이 밭둑의 경계로 서 있던 풍경이 남아 있다. 뒤란에는 대밭이 있고, 대밭과 산을 나누는 울타리에도 키가 늘씬한 상수리나무들이 줄줄이 늘어서 있었다. 그 나무도 당연히 곤욕을 겪었다. 상처 위로 풍뎅이와 함께 가끔씩 사슴벌레나 장수말벌들도 찾아들었다. 그들을 해코지하는 것은 시골 소년들이 뜨거운 여름 햇살 아래 지루한 시간을 이겨내는 방식이었다. 풍뎅이는 마음대로 주물러도 되는 가련한 놀이 대상이었고, 장수말벌은 어린 사내들에게 짜릿한 모험심을 안겨주는 존재였다. 돌멩이를 던지면 이 녀석들은 대부분 괴롭히는 실체를 알지 못해 멍청하게 수액 주변을 맴돌다 말았다. 그런데 때로 나무줄

▲ 뒷산 정상에서부터 경사지를 따라 소나무 숲으로 보이는 짙은 녹색과 상수리나무 숲, 뒤란, 주택지, 농경지가 차례로 이어진 강원도 홍천 시골 마을 풍경.

기를 박차고 쏜살같이 달려들어 보복을 감행하기도 했다. 생각만 해도 섬뜩한 순간이다.

나는 그렇게 자연에 익숙해져 가고 있었다. 나도 시인이 노래한 것처럼 풍뎅이를 잡아 장난의 제물로 삼는 짓을 아무렇게나 하며 지냈다. 그때 저지른 살생에 대한 죄책감이 지금 생물다양성 보존을 위한 노력으로 이어진 듯싶다.

식량증산운동과 산업화 성공으로 상수리나무 숲이 이 땅에서 맡았던 지난날의 구실은 이제 크게 퇴락했다. 풍경의 변화와 때를 같이하여 희한하게 고향 땅의 풍뎅이들은 깡그리 사라졌다. 정말 그 많던 풍뎅이는 다 어디 갔을까? 곤충을 사랑하는 제자는 우리네 농촌에서 두엄이 사라진 데 탓을 돌린다. 두엄이 풍뎅이 애벌레들의 터전이었다는 것이다. 이 땅에서 두엄은 화학비료에 밀려나갔다. 그리하여 더는 전체 생활사를 완성하지 못하는 풍뎅이들은 농촌 경관 뒤편으로 퇴장했나 보다. 시인의 눈앞에도 이제는 풍뎅이가 띄지 않는다고 한다. 우리네 삶의 변화가 풍경과 생물은 물론, 시인의 감성도 함께 바꾼 것이다.

이제 회상에서 벗어나 출근길 현실로 돌아온다. 서울 한 귀퉁이의 상수리나무 숲 앞에서 어느 날 아침 나는 아름다운 풍경을 만났다. 할아버지 한 분은 채소를 다듬고, 그 옆에는 할머니 한 분이 거들고 계신다. 슬쩍 보니 분위기가 부부인 것 같지는 않다. 이웃이 그렇게 만나 정담을 나누고 있나 보다. 바로 그곳에 숲이 있기에 그런 아름다운 마음의 교류가 일어나는 것이 아니겠는가. 이 숲을 다듬어 학교와 주민들이 더 친밀하게 활용하고 소통하는 방향으로 길을 틀 수 없을까?

그런데 2010년 9월 태풍 곤파스가 사고를 쳤다. 오솔길을 따라 서 있던 여러 그루 상수리나무들을 넘어뜨린 것이다. 덕분에 그 공간은 관악구청의 관심을 얻었다. 그렇게 자연의 힘이 바꾼 풍경에 사람의 손길이 작용하고, 이제 청룡산 지구 공원은 탈바꿈했다. 쓰러진 나무들은 베어 내고, 조경시설을 넣자 주민들의 관심도 덩달아 높아진 듯하다. 그러나 짙은 녹음은 위세가 한풀 꺾였고, 학교와 숲의 여전한 단절은 씁쓰레한 뒷맛을 자아낸다. 그럼에도 불구하고 나는 아직도 그 숲이 청룡초등학교의 어린 마음을 가꿀 좋은 잠재력을 지니고 있다고 믿는다. 그리고 새로운 변화를 기대하는 마음으로 남의 글을 읽는다. 유한양행 설립자 유일한 박사가 1971년 3월 선각자의 마음을 담은 유언장이다. 진정 공감이 가는 명언이다.

"내 아들은 대학까지 시켰으니 자립해서 살아가거라. 딸에게는 유한 중·고등학교 주위의 땅을 줄 테니, 그곳은 울타리를 절대 치지 말고 잘 가꾸어 학생들이 마음대로 드나들며 쉴 수 있는 동산을 만들어라."

다시 상수리나무 숲을 들어
도토리에서 찾는 지구온난화 완화의 실마리

길은 계속된다. 관악경찰서와 소방서를 지나 건널목을 건넌다. 이제부터는 특별히 편안하고 행복한 아침 시간이다. 오른쪽으로 눈을 돌리면 차도의 오염을 완충하는 짙은 잣나무 울타리가 있다. 그것은 소란스러운 차도와 밭을 나누는 경계이기도 하다. 무더운 여름에도 파와 배추, 때로는 토란이 심긴 그 밭은 지금까지 스쳐온 공간과는 확연히 다르다. 청량감으로 이어지는 길목이다. 이 땅의 주인은 누굴까?

이대로도 좋지만 나는 은근히 이 공간에 기대를 건다. 이곳을 더욱 매력적인 명소로 탈바꿈시킬 수 없을까? 서울대학교 교직원과 학생들이 자주 들르고 싶을 정도로 말이다. 특히 하굣길에 그곳으로 사람들을 자연스럽게 이끌 수 있으면 교정이나 서울대입구역까지 걷는 숫자가 늘어나지 않을까? 걷는 사람이 많아지면 아직은 지지부진한 '지속가능한 서울대(Sustainable SNU)' 운동이 비로소 탄력을 받지 않을까? 구성원들의 보행은 교내에 만연한 불법주차도 줄이고, 더 나아가 대학의 학문적 성과도 높이는 사색의 시간도 안겨주련만.

몇 걸음 더 옮겨 숲으로 들어선다. 이제부터는 있는 그대로 반갑다. 아니, 사실은 길 자체가 아니라 길을 에워싸는 환경으로 내 마음은 흐뭇하다. 빠른 길을 마다하고 일부러 돌아가는 산길을 택해, 길지는 않아도 여기서부터는 흙을 밟는다. 초목은 자동차 소리와 내연을 막아주고, 번잡한 인간들의 모습도 잠시 가려준다. 그 속에 든 내 후각과 촉각을 건드리는 공기는 상큼하다. 물기를 잔뜩 머금고 썩어가는 낙엽은 뭇 생명의 산실이리라.

팥배나무(여긴 팥배나무가 왜 이렇게 유난히 많지? 그 열매를 퍼뜨려 준 녀석들은 어떤 새들일까?)와 때죽나무(나는 누군가 때죽나무 열매를 빻아 넣은 수로에서 떼죽음한 붕어들을 감당할 수 없을 정도로 많이 건져내었던 초등학교 하굣길을 회상한다), 개암나무(가을 개암은 참 고소했다), 산벚나무(입술과 혀를 덮는 봄 버찌의 맛 또한 잊을 수 없다), 청미래덩굴(열매는 시큼하다), 국수나무, 누리장나무, 청가시덩굴. 봄부터 가을까지 어린 시절 늘 만나던 추억의 식물이다. 등굣길 우거진 숲에서 칡은 잘 보이지 않는다. 한때 풀을 중심으로 식물을 배운 전력이 있는 내가 여전히 이름 모르는 나무들도 더러 있다. 20년이 넘는 세월 동안 새 박사와 답사를 함께 다니며 익힌 새들의 노랫소리가 들리기도 한다. 박새소리는 자주 들리고, 동고비와 청딱따구리 소리도 가끔 들린다. 운이 좋은 봄날엔 "꾀꼬리요." 하는 듯이 우는 샛노란 새를 만나기도 한다. 부리로 나무 등걸을 두드리는 딱따구리 몇 종도 식별할 수 있다.

그 숲에서 가장 먼저 나를 맞는 나무는 상수리나무다. 이곳에서 내 출근길의 상수리나무 숲 2편이 시작된다. 가슴 높이에 생채기를 안은 상수리나무들은 지나간 가난을 또다시 내게 속삭인다. 이웃한 몇 그루 밤나무들도 비슷한 처지다. 이쯤 되면 이곳과 가까운 곳에 가난한 마을이 있던 시절, 가을이면 사람들이 즐겨 찾던 장소로 봐도 된다. 여기서부터 5분 남짓 비탈을 오르고 능선을 따라 걷는 길 옆에는 상수리나무들과 신갈나무들이 함께한다. 전자는 대부분 사람들이 심은 다음 터를 잡았고, 후자는 산짐승들이 도토리를 옮겨 저절로 싹튼 것이리라. 우리네 마을 가까이에서 신갈나무를 보긴 어려운 편이다.

추억의 상수리나무는 어느 날 갑자기 내게 학문적인 인연으로 다가왔다. 2014년 초 숀(Shawn Overstreet)이라는 이름의 미국 학생으로부터 이메일이 하나 날아왔다. 미국과학재단의 지원으로 우리나라의 도토리 산업과 전통생태를 연구해보고 싶다는 내용이었다. 그는 여름방학 동안 내 연구실을 방문하기 위해 초청장이 필요했다. 그의 연구주제에 마음이 끌린 나는 그를 기꺼이 초청했다. 그를 맞은 첫날 나는 물었다.

"한국의 도토리를 특별히 주목하게 된 까닭이 뭔가요?"

그의 대답은 명쾌하고 놀라웠다.

"세계인구가 소비하는 대부분의 식량은 한해살이식물에서 나옵니다. 이를테면 쌀과 밀, 옥수수, 콩 등이 그렇죠. 이들이 자랄 때 이산화탄소를 흡수합니다. 그러나 이로 인한 탄소 감소량은 미미합니다. 사람들이 먹어 소화하고 남은 물질이 분해되면서 대부분 1년 안에 다시 이산화탄소로 바뀌기 때문입니다. 하지만 참나무속 나무는 다릅니다. 많은 양의 탄소를 수십 년 이상 줄기와 뿌리에 간직하죠. 말하자면 한해살이식물보다 여러해살이식물의 탄소 순흡수량이 훨씬 많은 것입니다. 북미 원주민들이 도토리를 먹은 적도 있다지만 지금도 유례없이 즐겨먹는 사람들은 한국인입니다. 저는 여러해살이식물에서 먹을거리를 얻고 있는 사실에 주목했습니다. 그런 만큼 만약 한국에 도토리 증산을 위한 특별한 전통지식이 있다면 그것은 지구온난화를 줄이는 실마리가 될 것입니다."

그와의 만남은 도토리에 대한 내 관심을 증폭시켰다. 스페인에서는 도토리를 돼지사료로 쓴다는 내용도 그를 통해 알게 됐다. 일본에서는 도토리로 돼지를 사육하여 값비싼 상품을 생산한다는 사실도 들었다. 그 상품을 이베리코 부타라고 하는 것으로 봐서는 스페인의 오래된 방식을 재빨리 배운 모양이다. 스페인이 있는 이베리아반도에서 온 명칭인 줄로 짐작된다. 검증된 사실인지는 모르겠으나 인터넷을 뒤진 학생은 도토리의 어원이 돼지(돝)가 먹는 밤이라는 데서 나왔다는 새로운 정보도 알려 주었다. 숀의 기대처럼 세계의 가축사료 소비량의 25% 정도라도 옥수수나 콩과 같은 한해살이식물 대신 참나무류와 다른 종류의 여러해살이식물로 바꿀 수 있다면 기후변화 대응에 새로운 전기가 될지도 모른다.

숀의 노력으로 우리는 매년 꾸준히 도토리 생산량을 유지하는 실마리를 얻었다. 그가 도토리 가공회사인 충청남도 서천의 농민식품을 물색한 것이다. 그곳을 방문한 우리는 젊은 시절 도토리 사업의 잠재력을 인식하고 개척가로서 여러 가지 고초를 겪었다는 사장을 만났다. 사장의 도토리 증산방식에 대한 얘기는 흥미롭다. 여기저기 수소문하여 어느 과수원 주인에게 얻은 지식이란다. 도토리가 해에 따라 많이 열리기도 하고 아예 열리지 않기도 하는 해거리를 한다. 그러나 땅을 파고 나무의 뿌리를 조금 잘라주거나 줄기의 일부를 벗겨주면 해거리 없이 생산량도 꾸준히 유지된다. 어느 날 나는 나무병원 전문가에게 이 비법에 대해 물어볼 기회가 있었다. 그로부터 우리의 전통적인 이 방식에는 부정적인 측면도 있다는 대답을 들었다. 계속하면 나무에 일종의 피로감이 누적된다는 것이다. 나무가 어려움을 이겨내느라고 저장해둔 자원을 탕진하면 죽음에 이른다는 내용이다.

이 경험에서 나는 무엇이든 적당한 정도의 자극만이 바람직하다는 교훈을 얻었다. - 내가 가르치는 학생들도 적당히 부담을 줄 때 학업에 성과를 이루리라. 그러고 보니 가을에 도토리를 털기 위해 상수리나무의 줄기를 돌로 때린 행위가 때에 따라 적당한 자극이 되었을 수도 있겠다. 그렇다면 도토리를 얻기 위해 나무줄기를 두들기며 가졌던 어린 날의 죄책감을 조금은 덜 수 있다. 이제 내게는 풀어야 할 새로운 과제가 생겼다. 상수리나무에게 적당한 자극은 어느 정도일까?

▲ 도토리를 털기 위해 돌로 때린 자국
▼ 해거리를 막기 위해 껍질을 일부러 벗긴 곳이 아문 흔적

메마른 땅에 물이 오래 머물도록
숲의 표면적을 늘려 물 부족을 해결한다

나는 상수리나무 숲이 있는 공간에서 또 다른 욕심을 내고 있다. 이웃한 비탈에 빗물이 머무는 시간을 늘리는 본보기를 마련하는 것이다. 도림천이 건천이 되는 시간을 줄이는 일은 관악산 숲에 물이 오래 머물도록 하면 된다. 현재 내가 생각하는 방식은 비교적 단순하다. 이런저런 처방으로 숲 전체의 표면적을 넓히는 일이다. 이를테면 같은 땅의 넓이라 해도 평면의 땅보다 울퉁불퉁한 땅의 표면적이 넓다. 그렇게 울퉁불퉁하면 바닥을 흐르는 물은 속도가 느려지고 오목한 표면에 물이 고이는 양과 시간도 늘어난다. 실질적으로는 숲 바닥 여기저기에 골이나 웅덩이를 파놓거나 물길을 막는 작은 둑을 만들면 된다. 숲 바닥에 흩어져 있는 나뭇둥걸과 가지, 낙엽도 흐르는 물살을 더디게 하는 효과를 발휘한다. 다행스럽게 이곳에는 관행적인 숲 가꾸기 작업으로 잘라낸 나뭇가지를 이미 곳곳에 모아놓았다. 다만 물의 흐름을 가로막는 데는 가지들을 흩어놓는 것이 효과적이겠다.

아울러 키가 작은 풀과 떨기나무들을 자라게 하면 바닥 위로 흐르는 물을 저지하는 능력이 늘어난다. 가는 줄기가 모여 자라는 식물은 서 있는 것만으로 빠른 흐름을 방해하고 물길을 살짝 돌리기도 한다. 또한 식물은 부식토를 생성함으로써 땅속으로 스며들고 흙이 보유하는 물의 양을 증대시킨다. 그렇게 되는 과학적 근거는 아래에서 다루겠지만 먼저 논문에서 찾은 그림을 하나 소개하면 다음과 같다.

물을 얻는 식물의 전략을 우리의 삶과 비유하자면 이렇다. 내가 살아

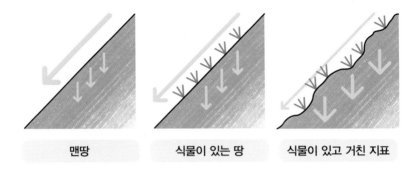

<table>
<tr><td>맨땅</td><td>식물이 있는 땅</td><td>식물이 있고 거친 지표</td></tr>
</table>

▲ 지표 모양과 식생 여부에 따라 땅 위로 흘러가거나 땅속으로 스며드는 물의 상대적인 양을 비교한 개념도(그림참고: Belnap 등, 2005)

가는 데 꼭 필요한 자원을 구할 재주가 없다면 나는 어떻게 해야 할까? 그 재주를 가진 사람에게 원하는 것을 제공하고, 그의 능력을 한껏 발휘할 수 있는 여건을 조성하는 것도 한 가지 대안이다. 그렇게 얻은 자원을 나누어 쓰면 공생의 길이 가능해진다. 이것이 소위 말하는 상호승리(윈윈) 전략이다.

　이런 상호승리 전략은 숲에서 쉽게 발견된다. 나무는 물을 많이 소비하지만 물을 모으는 재주가 썩 좋은 편은 아니다. 그래서 나무는 흙의 수분보유능력을 높이는 여건을 만드는 데 동참한다. 그것이 바로 나무가 낙엽이나 뿌리의 주검, 심지어는 녹아 있는 형태의 유기 분비물(용존유기물, dissolved organic matter)을 흙에 보태는 까닭이다. 그 유기물을 이용하여 토양 미생물과 동물들은 흙 알갱이들을 잇는 물질을 만든다. 살아 있는 나무도 실뿌리를 이용하여 흙 알갱이를 묶기도 한다. 알갱이가 묶음을 이루면 묶음과 묶음 사이에 불규칙한 꼴의 빈틈(토양학에서는 공극(pore)이라 한다.)이 늘어나고 그 빈틈 안으로 더 많은 물이 쉽게 스며들고 저장된다. 그런 과정으로 부식질이 풍부한 흙은 물과 식물의 영양소를 간직하는 능력이 높다. 이것이 바로 부식토가 비옥한 까닭이다. 나무와 미생물, 동물들은 그 물과 영양소를 나누어 쓰며 숲 생태계를 이룬다.

숲속의 저수량을 높이는 웅덩이 효과는 서울대학교 치과병원이 관악 캠퍼스에 자리를 잡은 덕분에 목격한 사실과 책에서 읽은 내용으로 거의 확고해졌다. 치과병원이 개원한 다음 가까운 찻길에 건널목이 새로 마련되었다. 아마도 고객을 위한 행정적인 절차가 있었을 것으로 추측된다. 그 덕분에 나는 새로운 출퇴근 경로를 마련했다. 주말 등산 때 긴 우회로를 찾아 한두 번 가본 적이 있는 산길의 일부다. 그렇게 인연을 맺은 새 경로는 집에서 연구실까지의 거리가 짧기도 할뿐더러 제법 긴 숲길과 함께 새로운 볼거리를 선사했다. 찻길이 아주 멀어 인위적인 소음을 아예 피할 수 있는 시간도 길어졌다. 그리하여 나중에는 가장 즐겨 걷는 출근길이 되었다.

그 길에서는 청룡산 중턱을 비스듬히 가로질러 걷다가 숲속의 앙증맞은 다리를 건널 무렵 자그마한 웅덩이를 만난다. 도랑에서 땅속 대롱을 거쳐 공급되는 물로 웅덩이는 제법 질척하다. 흘러가는 물을 가두어 땅속으로 스며들 여지를 주는 장면이다. 아마도 흙 웅덩이 주변의 나무와 풀들은 그래서 한껏 행복하겠다. 봄이면 그곳에 아주 많은 도롱뇽과 개구리 알 무더기들이 2세 탄생을 예고한다. 웅덩이는 습지가 뭇 생물의 서식지가 된다는 사실을 똑똑히 보여주는 실체이기도 하다. 건조한 계절이면 산새와 산짐승들도 찾아와 목을 축일 터이다. 가을이면 낙엽이 수북하게 쌓여 수서곤충의 풍부한 먹을거리가 되겠다. 나는 이렇게 자그마한 숲속의 웅덩이들이 메마른 관악산에 넉넉하게 만들어지길 기대한다.

『강의 죽음』으로 번역된 책에서는 연못으로 마을의 수자원이 풍성해진 사례를 소개한다. 인도의 한 마을 주민들은 사막 같던 땅에 연못을 만들고 빗물을 모아 땅속으로 물이 스며들도록 내버려두었다. 그리하여 지하수가 채워지고 샘물이 많아졌다. 강수량은 변화가 없었지만 공급수는 2배로 늘어났다. 메말랐던 땅이 숲과 우물, 농작물이 넉넉한 풍경으로 바뀐것이다.

요컨대 몇 가지 처방으로 숲 토양의 수분을 높이고 도랑과 시내에 물이 흐르는 시간을 어느 정도 늘릴 수 있다는 말이다. 이를테면 땅을 울퉁불퉁하게 만들고, 나뭇가지들을 흩어놓거나 키 작은 식물들을 숲 바닥에 곁들이며, 작은 웅덩이를 여럿 만들어 물길의 흐름을 지연시키는 것이다. 그러면 이런 장치들이 얼마나 효과적으로 물 빠짐을 느리고 길게 할까? 기후와 토양에 따라 차이는 없겠는가? 이렇게 되면 의구심을 가진 사람들의 실천을 이끌어내기 어렵다. 어느 정도의 효과가 생기는지 보여주는 실증적 자료를 충분히 갖추면 보급이 쉬워지리라.

이처럼 제안한 처방의 실제 효과를 보여주는 작업은 연구자의 몫이다. 현장에서 정량적인 자료를 얻고 검토하는 연구결과 없이 추론만으로 얻은 가설은 설득력이 낮다. 연구는 미루어놓고 근거가 희박한 논리로 사업을 밀어붙이면 시간과 예산, 인력을 낭비하게 된다. 뚝심만 믿고 밀어붙인 정부의 4대강 사업도 따지고 보면 과학적 근거 만들기는 제쳐놓고 가시적인 사업에 치중하는 풍토가 낳은 산물이다. 지금이라도 사업 영향에 대한 연구결과를 축적해야만 10년 후 터무니없는 사업으로 야기될 수 있는 국론분열을 예방할 수 있다. 그런데 4대강 사업 이후 효과와 생태적 변화를 살피는 연구에는 소홀한 편이다. 이 땅에서는 아직도 짧은 기간에 나올만한 가시적인 성과에 혈안이 되어 있는 사람들이 주로 국가예

▲▼ 숲속 웅덩이의 겨울 모습과 그곳에서 봄에 만난 도롱뇽 알

산을 주무르고 있기 때문일 터이다.

　이런 까닭에 나는 출근길에 지나는 작은 언덕배기에서 숲의 물을 넉넉하게 하는 처방들의 실효를 확인하는 실험을 해보고 싶다. 그리하여 궁극에는 더 많은 사람들이 건강한 땅을 누릴 수 있도록 매력적인 공간으로 거듭나길 바란다.

초록 도토리를 줍는 여인네들
햇빛, 신갈나무, 거위벌레를 잇는 물질의 흐름

이어지는 산길에 싱그러운 5월이 오면 아까시나무 꽃향기가 특별히 좋다. 하얀 꽃들이 산기슭을 온통 덮으면 나는 이 외래종 식물에 조금씩 너그러워진다. 언뜻 봐서 높은 산으로 침입하는 능력은 없는 듯하고, 급하게 자라는 만큼 같은 자리에 오래 버틸 것 같지도 않다. 아까시나무는 이 땅에서 상대적으로 짧은 삶을 누리고, 토양에 질소를 보태며, 많은 꿀을 선사하고는 생을 마감한다. 죽어 고사목이 되면 수많은 생명의 근거가 된다. 실제로 내가 좋아하는 그 산길에는 바람에 쓰러지거나 능선을 따라 조용히 서서 삶을 마감한 아까시나무가 여럿 있다. 그러나 이 외래종 식물이 얼마나 더 넓은 산야를 점령할지는 모르는 일이라 이 또한 제대로 살펴볼 필요는 있다. 이것은 그럴 마음은 있어도 내 행동이 따르지 못하는 연구대상이다.

말복을 앞둔 8월의 어느 날, 지루한 무더위 사이로 소나기가 이틀 연거푸 파고들었다. 퇴근 시간, 오랜만에 산길을 걸어 집으로 간다. 그렇게 능선을 걷다가 문득 허리를 굽히고 숲 바닥에서 뭔가를 열심히 찾고 있는 아낙들을 본다. 두 사람은 승복이고 한 사람은 평상복이다. 여인네들을 너무 노골적으로 바라보기는 어색하다. 살짝 훔쳐본다. 그들은 땅바닥의 신갈나무 잔가지에서 초록빛 도토리를 골라내고 있다. 도토리거위벌레가 떨어뜨린 것이다. '떨어진 나뭇가지는 도토리거위벌레 살림살이, 아니 생존의 근거이련만 보살님이 가로채는 것이 아닌가.' 그냥 지나쳐도 좋겠는데 내 따지는 근성이 그러질 못한다. 햇빛-신갈나무-도토리거위벌레로 가는 에너지 흐름이 햇빛-신갈나무-보살로 바뀌는 모습이 희한하다. 도토리를 골라내는 주체가 보살이 아니라 시골의 아낙네면 어떻고, 도시의 유한마님이면 또 어떨까?

집에 도착하는 대로 나는 박해철 박사의 책 『딱정벌레』를 찾아봤다. 대부분의 거위벌레는 잎을 말아 요람을 만드는데 도토리거위벌레 무리는 과실이나 열매에 알을 낳는다고 설명했다. 그렇다면 도토리가 달린 신갈나무 잔가지를 끊는 녀석들도 도토리거위벌레인가 보다. 가지에 붙은 몇 개의 잎사귀는 떨어지는 나뭇가지의 프로펠러가 되어 땅에 부딪칠 때 생길 충격을 완화한다. 그렇게 안착한 풋도토리에서 알이 깨어나면, 애벌레는 그 도토리를 먹으며 자란다.

▲ 숲 바닥에 떨어진 신갈나무와 상수리나무 잔가지. 이 무렵 나뭇가지가 땅으로 떨어진 까닭은 도토리거위벌레와 함께 태풍 곤파스의 작용도 있었을 것이다.

그 무렵 나는 연구실에서 책을 읽다가 지치면 가끔씩 가까이 있는 작은 숲에 나가보곤 했다. 그 숲 바닥에도 신갈나무 가지들이 수북하게 쌓여 있어 그에 따른 자연의 물질 흐름 변화를 생각해봤다. 가을이 오기 전에 떨어지는 저 녹색의 잎은 수명을 다한 갈색의 잎과 무엇이 다르며, 그것은 숲에서 어떤 의미를 가질까? 누군가 연구를 했을 법하건만 아직 시원하게 답을 주는 논문을 보지 못했다. 다만 몇 가지 아는 사실로 상상해볼 수 있을 뿐이다.

추위가 오기 전에 나무는 활동을 멈추고 낙엽을 떨어뜨린다. 그 전에 나무가 하는 일이 하나 더 있다. 잎에 포함된 영양소를 미리 거두는 일이다. 잎이 그냥 떨어지면 그 안의 영양소도 함께 떠난다. 그렇게 되면 내년 봄에 토양에서 힘들여 다시 흡수해야 한다. 그런 허비와 노고를 줄이자면 낙엽이 지기 전에 영양소를 재흡수(resorption) 또는 재전이(retranslocation)하여 가지와 줄기에 갈무리하면 된다. 토양에서 흡수하는 것보다 자신의 줄기에 간직한 영양소를 봄에 잎으로 보내 다시 쓰는 과정이 훨씬 수월하다. 영양소 재흡수는 장구한 진화과정에 식물이 마련한 기막힌 재주인 셈이다. 곳에 따라 차이는 있지만 가을 낙엽이 되기 전에 잎의 질소와 인산, 칼륨은 각각 약 62%, 65%, 70%가 목질부로 재흡수된다.

그런데 그 재주를 발휘할 틈도 없이 도토리거위벌레가 생가지를 잘랐다. 따라서 그 잎은 갈색으로 바뀐 늦은 가을의 낙엽보다는 식물의 필수영양원소(이를테면 질소나 인, 칼륨)가 더 넉넉하겠다. 이제 질문을 해보자. '떨어진 낙엽을 자원으로 삼는 미생물과 작은 토양 동물들은 어느 쪽을 더 좋아할까?' 질문을 조금 바꾸면 '어느 쪽 낙엽이 더 빨리 분해되고, 생태계에서 영양소가 더 빨리 재순환되겠는가?'가 된다. 잎의 분해속도

는 질소:탄소 또는 질소:리그닌 함량비와 밀접한 관계가 있다. 질소 함량이 높은 잎의 분해가 더 빠르다. 초식과 분해의 주체인 동물과 미생물이 필수영양원소 함량이 높은 물질을 좋아하기 때문이다 - 흥미롭게도 동물인 사람은 필수영양원소가 높은 음식을 대체로 좋아한다.

그렇다면 질문의 답은 어떻게 될까? 가을 낙엽보다는 생가지와 함께 떨어진 녹색의 잎이 더 빨리 썩을 듯하다. 이런 차이는 숲 생태계에서 어떤 의미를 가질까? 인간 세계에서 자금 순환이 원활한 기업이 더 활발한 재생산을 보인다면 도토리를 생산하는 참나무류와 도토리거위벌레의 관계를 어떻게 바라봐야 할까? 한 그루 나무의 관점에서만 보면 얄미운 짓이련만 숲 생태계 수준에서 보면 도토리거위벌레가 자원 순환율을 높이는 존재가 된다. 이렇게 유추한 가설은 이제 실증적인 실험의 손길을 기다리고 있다.

아울러 나는 도토리거위벌레와 참나무류 사이의 또 다른 관계를 바라본다. 벌레가 살아있는 나뭇가지를 자르는 행위는 식물을 자극하는 동시에 그 해의 도토리 생산량을 줄이는 행위다. 결코 나무는 의도하지 않았지만 결과적으로 숲 생태계에서 도토리 과잉생산을 막는 효과도 있다. 앞에서 소개한 것처럼 적당한 수준의 괴롭힘은 도토리의 해거리를 막는 작용도 할 수 있다. 과연 벌레의 활동은 그저 해악일 뿐일까? 아니면 나무 자체와 생태계의 다른 구성요소, 나아가 도토리를 수확하는 사람들에게 어떤 종류의 혜택도 될까? 실질적인 벌레의 역할을 확인하는 일 또한 흥미로운 연구주제가 되겠다.

행복한 숲길을 되돌아보며
산림녹화의 주인공 나무들이 지나온 50년

출근길에 만나는 숲에는 우리나라 근대 산림녹화의 실상이 고스란히 담겨 있다. 나는 흩어져 있던 서울대학교 캠퍼스들이 관악으로 모이기 전인 1972년 어느 봄날, 나무심기에 동원되었던 일을 기억한다. 그 무렵 관악산 일대는 헐벗었다. 헐벗은 산에 주로 심은 어린 나무는 리기다소나무와 아까시나무, 물오리나무들이다. 이 나무들은 모두 메마른 땅에 비교적 잘 정착하는 특성을 지녔다. 당시 우리 산의 형편을 되돌아보면 수종 선택은 우리 나름대로 최선이었다. 그런 역사를 거쳤기에 행복한 출근길 숲에서 이 나무들을 만난다.

리기다소나무는 아주 흔하고 물오리나무는 가끔씩 눈에 띈다. 물오리나무는 아까시나무와 함께 공기 중의 질소를 고정할 줄 아는 미생물과 공생하며 메마른 땅을 기름지게 하는 재주를 지녔다. 그러나 얄궂게도 스스로 가꾼 땅이 좋아지면 쉽게 밀려나는 불우한 운명을 타고났다. 내가 출근길에서 키가 큰 나무 아래서 겨우 삶을 부지하고 있는 물오리나무를 드물게 만나는 것은 이런 사연 때문이다.

아까시나무도 소임을 다한 듯 이제는 기세가 한풀 꺾였다. 나는 이 나무들이 밀려난 까닭을 짐작해본다. 모두 과학적 검증이 필요한 가설이다. 물오리나무는 높게 자라지 못해 키가 큰 나무들 틈에서 햇빛을 충분히 얻지 못하는 신세다. 아까시나무는 지나치게 높게 자라 가뭄이 왔을 때 물을 충분히 끌어올리지 못한다. 이런 탓에 물오리나무와 아까시나무들은 넉넉해진 숲에서 도리어 쇠약해진 것이리라. 그런데도 리기다소

국수봉

▲ 1968년 서울대학교 관악캠퍼스 부지. 오른쪽 멀리 봉천동 달동네가 보이고 그 앞으로 비탈 바닥이 훤히 드러난 국수봉(↓)과 버들골이 있다. 지금 음악당이 있는 자리에는 캠퍼스가 골프장이던 시절 연못이 있었다. 언덕 위의 막사는 최근까지 솔밭식당이라 부르던 곳이다. 내 출근길은 국수봉 뒤쪽 산줄기를 타고 오는 것으로 끝난다. (1968년 사진 관악캠퍼스 설계 총책임자 강준)

나무는 내 출근길 숲에서 아직 건재하다. 그 까닭에는 아마도 타감작용 (allelopathy)도 포함될 듯하다. 타감작용은 다른 나무들이 곁으로 다가오지 못하게 하는 배척성을 말한다. 이제 우리가 만약 아름다운 숲을 기대한다면 아무래도 리기다소나무의 이 성정을 사람들이 다스려주어야겠다는 생각이 든다.

헐벗었던 비탈의 녹화수종으로 선택했던 리기다소나무는 여기까지 좋았다. 어린 시절 부르던 동요처럼 메아리도 살지 않던 벌거벗은 우리 산은 하루빨리 나무를 심어야 할 장소였다. 그렇게 급박한 마음으로 밀어붙였던 녹화사업의 성과는 새로운 국면을 맞았다. 이제 단조로운 숲은 식상하고, 도림천처럼 물을 잃은 전국의 작은 하천들은 처량하다. 다양

▲ 잣나무 숲속에 사는 두 그루 낙엽활엽수 아래에 쌓인 눈. 눈이 있는 지면에만 작은 나무들이 자라고 있는 모습도 흥미롭다. 잣나무 숲에서는 지면의 그늘이 짙고, 수관에 쌓인 눈이 대부분 햇볕에 바로 기화되어 토양 수분이 부족하여 생긴 현상이다

하지 못한 수종들로 채워진 숲이 생겼고, 성장한 나무들의 증산작용으로 더 많은 물이 소비되기 때문이다. 흔히 숲이 물을 이롭게 보존한다고 알려져 있으나 반드시 그렇지는 않다.

이를테면 미국 노스캐롤라이나주 숲에서 자연 낙엽활엽수림(oak-hickory가 우점)을 침엽수인 소나무의 일종(white pine)으로 바꾸고 하천의 물이 줄어드는 부작용을 확인했다. 그 까닭은 이렇다. 침엽수는 잎의 숫자가 상대적으로 많아 활엽수림보다 숲 면적 대비 엽면적(leaf area)이 넓다. 그러면 비나 눈이 숲 바닥으로 이르지 못하고 잎이나 가지에 달라붙어 있다가 기화하는 증발과, 나무가 대사작용으로 수증기를 뿜어내는 증산이 늘어난다. 결과적으로 토양 수분과 하천으로 흘러드는 물의 양은 감소한다. 이 연구에서는 소나무 유목을 심고 15년이 지난 다음 하천의 유량이 연간 약 200mm(활엽수림일 때의 20%에 해당) 이상 준 것을 확인했다.

　뉴질랜드에서는 고산 초지에 나무를 심은 다음 유량이 줄었다. 1982년에 헥타르당 1,250주의 라디아타소나무(*Pinus radiata*)를 심었는데 나무가 제법 자란 2004년에는 하천 유량이 41% 감소했다. 남아프리카에서도 외래종 유칼리나무를 도입한 다음 수자원이 감소하는 피해를 겪었다. 나무가 자라면서 역시 증발산이 증가했기 때문이다. 2002년 요하네스버그에서 열렸던 유엔환경회의에 다녀온 사람에게 물었을 때 남아공 정부가 그 나무들을 베어내기로 결정했다는 소식을 전해주었다. 2009년엔 케냐 정부도 물을 보존하고 가뭄 피해를 줄이기 위해 유칼리나무 벌목 운동을 벌였다. 전 세계 600여 개 지역의 연구결과들을 종합적으로 분석한 결과에서는 숲 조성으로 연평균 227mm가량의 하천 유량이 감소했다.

　내 출근길인 청룡산 중턱에서도 우거진 숲과 물의 관계를 엿볼 수 있다. 그곳의 쉼터에는 주로 장기나 바둑을 두는 사람들이 사용하기 위해 만든 비닐 가건물과 몇 개의 운동기구, 작은 정자가 있다. 정자 옆에 관악생수천이라는 안내판을 마련해두었다. 1991년 4월 19일 개발했다는 내용을 보면 그때는 분명히 어느 정도의 물이 있었을 터이다. 그러나 비가 많이 온 다음 날을 제외하고는 약수터에 꽂혀 있는 파이프에서 물이 흘러나오는 모습을 본 적이 없다. 처음에 나는 물의 고갈이 무성해진 숲의 증산작용과 관련이 있을 것으로 지레짐작했다. 공교롭게도 지도를 보면 바로 그 약수터 아래로 강남순환도로의 일부인 터널이 얼마 전에 생겼다. 터널 공사는 지하수 흐름을 바꾸었을 가능성이 있다. 2015년부터 이 길을 다니는 나는 약수터 물의 변화 역사를 몰라 두 가지 가능한 원인에 대해 아리송해졌다. 그 대신에 다른 사례가 생각난다.

그것은 내가 태어나기 전부터 있던 고향마을 뒷산의 작은 샘이다. 소를 먹일 때 가끔씩 목을 축이던 그 샘은 1960년대 어느 해 여름 긴 가뭄이 계속되던 때를 제외하고는 마른 적이 없었다. 1968년 2월 고향을 떠난 다음 오랫동안 들려 보지 못한 그 샘을 다시 찾은 것은 1990년 초다. 어릴 때 헐벗었던 산에는 숲이 우거졌고 샘은 바짝 말라 있었다. 그 이후 고향집에 가면 가끔 뒷산에 올라 일부러 샘을 확인하는데 더 이상 물은 없다.

헐벗은 땅보다 숲이 있는 풍경은 훨씬 보기 좋다. 그러나 단색의 숲은 더 아름다운 숲으로 거듭날 길을 찾아야 한다. 이제 물오리나무와 아까시나무가 소임을 다하고 숲에서 물러가듯이 지난날의 낡은 녹화전략도 새롭게 태어나야 할 때다. 사실은 때가 지났다. 우리의 산림정책은 더 이상 머뭇거리면 지난날의 성공에 발목이 묶이기 십상이다. 하루빨리 시대에 맞는 변화가 필요하다. 내가 보기엔 지금 우리 숲 가꾸기의 새로운 방향은 넉넉한 물과 아름다운 풍경을 얻는 쪽에 무게중심을 두는 것이다.

그래서 남북의 해빙 분위기와 함께 북한 녹화를 위해 소나무와 낙엽송을 우선적으로 심으려는 계획을 우려한다. 척박한 땅에 견뎌내는 특성도 중요하지만 그 나무들로 이루어진 숲이 물 순환과 하천 유량에 어떤 영향을 끼칠지 먼저 검토해야 한다. 남한의 녹화사업이 성공했다고 간주하는 지난 수십 년 동안 우리는 전국 곳곳에서 말라가는 하천들을 목격하지 않았는가? 원론적으로 토양 특성에 맞추어 지역을 구분하고 그에 걸맞은 식물을 선택하여 녹화하는 것이 바람직하다. 이때 벌거벗은 경사지의 침식을 줄이고 토양 수분을 넉넉하게 이끌 처방들이 먼저 고려되어야 한다. 숲 천이(forest succession)의 초기 단계에 나타나는 풀과 싸리

▲ 말라버린 출근길 약수터
▼ 말라버린 고향 뒷산 옛 샘

나무와 같은 콩과식물을 도입하여 토양 유기물과 질소 함량을 높인 다음 자연 스스로 회복하도록 돕는 대안도 필요하다. 최소한의 배려가 최선의 답인 때도 있다.

한 걸음 더 나가보면 이렇다. 당분간 멀고 깊은 산보다 가까이 있는 야산에 관심을 가져보자. 그리고 그 산에 늘 물이 흐르고 아름다운 풍경이 깃들도록 다 함께 의논하자. 풍경 계획은 수문학자와 조경가들의 몫이다. 토양이 물을 머금는 시간을 늘리는 방안은 토양학자와 생태학자들이 고민할 일이다. 전문가들이 합작으로 숲 바닥에 무엇을 넣을지 결정하면 나머지는 행정기관과 시민의 몫이다. 구역에 따라 심어야 할 나무와 화초를 할당하고, 거기에 맞춰 어린 초목을 심거나 씨앗을 뿌려 가꾸는 활동을 보태자. 이 과정은 민관학이 더불어 우리 땅 위에 새로운 그림을 그리는 작업이다. 그렇게 나는 어린 날 즐겨 부른 동요 「고향의 봄」 속의 울긋불긋 꽃동네를 꿈꾸고 있다.

이 사업이 성공하여 사시사철 물이 흐르는 숲이 갖추어지면 뭇 생명들이 스스로 모여들고 다양한 볼거리와 낭랑한 소리를 즐길 수 있으리라. 이것이 바로 생물다양성과 함께 생태계 서비스(ecosystem service)를 이 땅에 더욱 풍성하게 불러오는 길이다. 그런 의미에서 나는 하나의 구호를 내건다. '국토개조는 들뫼 가꾸기로부터!' 여기서 들뫼는 야산을 고쳐 부르자고 한일공동세미나에서 몇 년 전 내가 제안했던 단어다.

숲을 벗어나 출근길 마지막 차도를 건넌다. 서울대학교 캠퍼스를 에두르는 순환도로다. 하루 일과를 보낼 연구실이 지척에 있다. 출근길 숲에서 돋은 생기로 발걸음이 가볍다. 이렇게 나는 하루를 시작할 상큼한 시간을 마련했다. 조금만 마음의 여유를 가지면 누구나 누릴 수 있는 행복이다.

일상에서 만나는 풍경 읽기의 틀
우리가 속한 사회의 자연과 문화가 빚어낸 산물

집에서 출발하여 연구실까지 걷는 노정에서 다양한 풍경을 스친다. 풍경 속에는 식물과 사람들도 있다. 무심히 걷다 보면 눈에 들어오는 풍경은 대부분 평범하다. 식물은 사철나무와 소나무, 단풍나무, 느릅나무, 팽나무, 상수리나무, 신갈나무, 리기다소나무, 아까시나무, 물오리나무와 같이 곳곳에서 흔히 보는 것들이다. 집과 화분, 도로 연석, 자동차, 러브호텔, 옹벽 등의 사물과, 어린이와 노인, 담배를 피우며 바삐 가는 인물들도 역시 그렇다. 대상들은 가만히 있지만 나는 그들을 살피기도 하며 은연중에 반응하는 내심을 느낀다.

조잘거리는 어린아이들은 내 가슴에 동심을 일으키고, 자동차와 담배 연기, 러브호텔이 낳는 공간은 그에 걸맞은 말을 건다. 상큼한 것들은 밝은 말을 걸어오고, 너저분한 것들은 칙칙한 말을 한다. 말들은 머릿속을 맴돌다 파문을 일으키며 저마다 다른 색깔로 드러난다. 때로는 추한 단어가, 때로는 아름다운 단어가 머리를 지배한다. 내 마음은, 그리고 운명은 그것들이 지배하는 시간의 함수가 아닐까? 그렇다면 나는 마음 느긋한 공간에 더 오래 내 몸을 맡기고 싶다.

걸어서 만드는 출근길은 바로 그런 공간과 만날 시간을 늘려주어 좋다. 나는 그 안에서 풍경의 말을 듣고, 그에 알맞은 대답을 찾아내는 노력을 한다. 그래서 걷거나 차를 타고 이동하며 풍경을 만나면 그 안에 깃든 사연을 무의식적으로 상상하는 나를 발견한다. 어느 날 내 상상의 뒷면에 자리 잡고 있는 가정 또는 근거가 무엇인지 스스로 잠시 곱씹어볼 기회가 있었다.

우리가 만나는 풍경은 자연 자체이거나 자연이라는 캔버스에 인간이 그린 그림이다. 자연은 그야말로 사람의 손길이 닿기 전에 생겨난 모습이고, 인간의 그림은 사람이 땅거죽을 바꾸는 행위, 곧 토지 이용 과정을 말한다. 우리의 토지 이용을 지배하는 힘은 어떤 과정으로 이루어질까? 땅을 직접 바꾸는 행위는 사람들의 구상과 의사결정, 계획, 설계의 과정을 포함한다. 그러한 일련의 과정은 주체들의 마음에서 비롯되고, 그 마음은 또 보고 듣고 겪은 자연과 인공의 대상에 의해 영향을 받는다. 결과적으로 풍경은 긴 세월에 걸쳐 이룩된 자연과 그 안에서 만들어진 문화적 요소의 상호작용이 낳은 것이다.

이를테면 우리가 도시에서 만나는 풍경에는 시멘트와 돌을 포함하는 단단한 소재로 구성된 요소들이 우세하다. 그런 물질을 많이 사용하는 토지 이용이 예사로 진행되고 있기 때문이다. 그러한 토지 이용이 이루어지기 전에 먼저 그것을 선정하는 의사결정과 계획, 설계 과정이 있었다. 이러한 일련의 과정은 관련 사업에 종사하는 전문가들과 의사결정권을 가진 사람들의 마음에 의해 좌우된다. 결과적으로 인간의 마음 또한 그가 속한 사회의 자연과 문화가 빚어내는 산물이다. 나는 그 과정을 은연중에 고려하며 풍경을 해석하는 것이다.

그러면 딱딱한 소재를 선택하는 마음은 언제부터 이 땅에서 지배적인 힘을 얻게 되었을까? 나는 일본의 압제와 군사정권의 통제가 이어진 기간이 크게 작용했으리라 짐작한다. 그렇게 제법 긴 세월 마음을 억누르는 강성이 이 땅에 널리 퍼졌고, 우리의 풍경도 팍팍해져 버렸다. 절도(節度)는 좋은 것이나 지나치면 언제나 아픔을 낳는 법이다.

그러면 사회적으로 절도와 유연성이 알맞게 조화되는 길은 없을까? 그

풍경과 사람의 관계

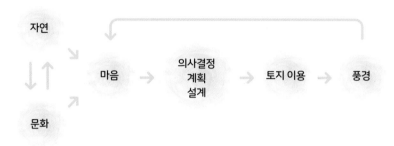

것은 한 사람 한 사람이 부드러운 마음의 시간을 늘리는 데서 비롯된다. 스스로 흙과 풀을 만지고 걸어보는 것은 바로 그렇게 되는 기회가 아니겠는가? 단언컨대 지난 수년 동안 내 마음은 훨씬 누그러졌고, 얼굴 붉힐 일도 잦아들었다. 나는 이런 변화를 걷기가 준 선물이라 믿는다.

출근길에서 내 생각은 더욱 뻗어간다. 만나는 사물과 마음은 서로 작용하며 내 이력을 만들어가는구나. 1990년대 초부터 내 마음엔 강원도 인제 점봉산이 똬리를 틀었어(졸저 『흐르는 강물 따라』와 『흙에서 흙으로』 참고). 2000년대 들어선 경관과 전통마을이라는 단어가 마음 깊숙이 들어섰지. 이젠 내가 몸담고 사는 공간을 거닐고 내 자신의 마음을 들여다보며 조금씩 유연성을 키우고 있네. 그렇게 자연에서 출발하여 사회와 만나는 길을 걸어왔구나. 그럼 다음은 뭘까?

02

출근길 생태학 2

버스 타는 길

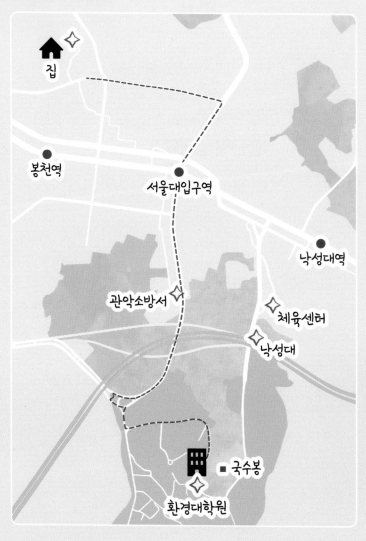

🌰 버스 타는 길

집

봉천역

서울대입구역

낙성대역

관악소방서

체육센터

낙성대

국수봉

환경대학원

------- 버스 타는 길

아침 출근 시간, 서울대입구역을 지나며 사람들의 긴 행렬을 만난다. 꽤 많은 사람들이 버스를 기다리며 시간을 축내고 있다. 새 학기가 시작되면 그 광경은 더욱 어수선하다.

버스 차창을 내다보는 내 마음엔 몇 가지 의문이 생긴다. '차를 기다리고 목적지까지 가는 데 얼마나 걸릴까? 기다림의 시간은 얼마나 생산적일까? 저 젊은이들을 걷기 대열로 들어서게 할 동기부여의 방편은 없을까? 걷고 싶은 마음을 자아내는 매력적인 길을 만들 수 없을까?

언제부턴가 나는 젊은이들을 더 자주 걷게 하고 싶은 마음을 품게 됐다. 그런 속내를 드러내고 난 다음에, 걷고 싶은 거리 조성 플래카드가 서울대입구역에서 서울대학교 정문에 이르는 길까지 잠시 붙기도 했다. 그리고 '디자인 서울' 사업으로 길은 꽤 많이 다듬어졌다. 그런 변화가 일어난 때는 아마도 2009년일 것이다. 이 글은 그 무렵 시작되었다.

디자인 거리를 지나며
환경 부담이 적은 녹지 디자인 제안

출근길 일부가 '디자인 거리'로 다듬어지며 차도에 이웃한 보도가 제법 달라졌다. 떨기나무와 화초가 자라는 공간이 곁들어지자 삭막함이 한결 줄었다. 그렇게 그 길은 졸저 『떠도는 생태학』에서 소개했던 1994년 봄 일본 도쿄의 도심 이케부쿠로역 부근의 풍경과 꽤 비슷해졌다.

그러나 그 사이에 내 생각은 새롭게 발전했다. 이왕이면 환경에 부담이 덜 가게끔 녹지의 생태적 기능을 최대한 활용하는 방식이다. 그것은 디자인 거리 녹지를 차도보다 조금 낮추는 정도의 변화로 가능한 일이다. 이미 유럽의 여러 나라와 미국, 호주, 터키, 심지어 중국 만주나 몽골, 아제르바이잔, 조지아, 아르메니아 등 우리나라를 제외한 거의 모든 곳의 고속도로와 시가지에서 그러한 변화를 목격할 수 있다. 다음 그림은 디자인 거리를 실현시킬 구체적인 방법을 나타낸 그림으로, 우리의 도로 현황과 다르게 분명한 장점이 있다. 그 장점들은 조금 있다가 살펴보기로 하고 우선 개선의 여지가 있는 곳을 소개해 보자.

우리나라 곳곳에는 애초부터 낮게 자리 잡는 것이 더 나았을 녹지가 꽤 많다. 이를테면 고속도로의 터널 앞뒤에 볼록하게 돋우어 놓은 중앙분리대가 그렇다. 때로 우리나라에도 중앙분리대를 도로보다 낮게 해놓은 곳도 있다. 그런데 그런 곳의 거의 대부분은 도로와 녹지 사이에 일부러 경계를 지어 빗물을 배수구로 유도해놓는다. 이런 구조는 비싼 재료가 추가되어 도로 건립비용을 높일 뿐만 아니라 빗물이 녹지의 토양과 생물에 의해 정화될 수 있는 기능을 일부러 차단한다. 아마도 빗물이 빠르게 빠지도록 하기 위해 그렇게 한 것으로 보인다. 이런 곳에서는 도로를 씻은 빗물이 분산되어 녹지를 거친 다음에 배수구로 이어지도록 하는 대안이 가능하다.

차량 이탈이 염려되지 않는 곳에 흙으로 쌓아올린 중앙분리대 녹지도 꽤 보인다. 서울대학교 정문 앞의 녹지가 그랬다. 잔디밭으로 바뀌기 전의 서울시청 앞 광장도 마찬가지였다. 그런 곳은 충분히 넓어 양쪽으로 다니는 차가 반대편으로 넘더라도 나무들로 완충할 수 있다. 불안하면 차량을 차단할 수 있는 구조물을 곁들인 다음 녹지의 높이를 낮추는 것이 바람직하다.

일부 조경가들은 그런 방식이 우리 기후에 맞지 않을 가능성이 크다는 의견을 낸다. 노면보다 낮으면 배수가 불량하여 나무가 제대로 자라지 못하거나 심지어 죽는다는 주장이다. 아마도 토양의 배수불량에 대한 우

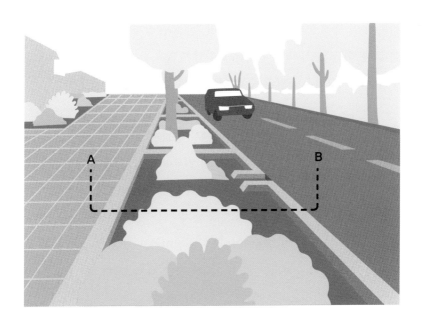

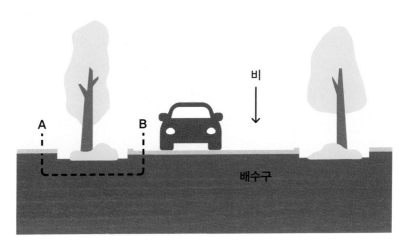

비

배수구

▲▼ 가로수의 띠 녹지 디자인 제안. 녹지가 가로보다 낮으면 눈길에 뿌리는 염화칼슘의 피해를 입기
쉬운데 이 구조는 겨울에 눈이 녹은 물의 유입을 차단하기에 유리할 것으로 보인다. 아래는 가상되는
단면.(그림참고: 이도원, 2001 ; Lovell & Johnston, 2009b ; http://www.ecotrust.org)

려는 우리 조경계의 일반적인 믿음인 듯하다. 실제로 상황에 따라 당연히 그럴 수도 있다. 그러나 나는 화강암이 많은 우리나라 지역에서는 배수불량보다 오히려 토양의 수분보유능력이 낮은 경우가 더 일반적일 것으로 본다.

1부에서 살펴본 바와 같이 화강암에서 풍화된 토양 입자는 굵기가 대체로 굵다. 따라서 입자와 입자 사이의 빈틈이 넓고, 그렇다 보니 토양이 중력에 저항하여 수분을 보유하는 능력은 낮을 수밖에 없다. 서울대학교 정문을 들어서기 전 오른쪽의 저지대 녹지에서 꿋꿋이 자라고 있는 오래된 소나무는 그런 내 추측을 어느 정도 뒷받침하고 있다. 이곳은 폭우 때 빗물이 자주 고이곤 하지만 비가 그치면 금방 빠져나간다. 이 주장은 나중에 한 번 더 살펴보려고 한다.

그러나 이 구조에는 유의해야 할 사항도 있다. 용량을 초과할 정도로 지나치게 많은 오염물질과 영양소를 함유한 빗물이 녹지로 흘러들면 곤란해진다. 녹지의 토양과 미생물, 식물이 오염물질 정화기능을 가지기는 하지만 한계를 넘어설 정도면 부작용이 생긴다는 말이다. 지나치면 지표수뿐만 아니라 지하수 오염을 조장할 수도 있다. 눈 내린 도로에 뿌린 염화칼슘이 초래할 피해에 대한 대책도 마련해두어야 한다.

그저 관행을 따를 것이 아니라 합리적인 대안을 강구해야 한다. 그러기 위해 다양한 토양에 노면보다 높고 낮은 녹지들을 만들어놓고 지하로 침투되는 빗물의 양과 배출되는 물의 수질과 식물이 자라는 상태를 비교해봐야 한다. 대략 1년의 시험기간이면 도시의 물 관리에 기여하는 정도와 생물 서식지로서 발휘할 실질적인 효과를 확인할 수 있을 터이다.

녹지 지면을 도로보다 낮추면
빗물정원을 통해서 검증된 효과

사실은 내가 주장만 하고 있는 사이에 주목할 만한 연구결과가 미국 학자들에 의해 이미 발표되었다(Dietz & Clausen, 2006). 그들은 흔히 빗물정원(rain garden)이라 부르는 얕은 오목지대(depression)를 만든 다음 바닥에 나무껍질을 깔고 떨기나무를 심었다. 그렇게 만든 곳으로 빗물이 쉽게 모이기 때문에 빗물정원이라는 이름을 붙였다. 그리고 지붕에 받은 빗물을 그곳으로 유도하고 지하로 빠지는 물의 양과 함께 수질의 차이를 비교했다. 결과는 내가 오래전부터 예상했던 대로다. 지하로 스며드는 물의 양은 늘어나고 빗물정원에서 흘러나간 물의 양은 줄었다. 또한 빗물정원을 거쳐 나온 물은 정화되어 오염도는 훨씬 낮아졌다.

논문에 제시된 연구 내용을 설명해 보겠다. 실험에 사용한 빗물정원은 물을 2.54cm 높이까지 담을 수 있는 규모로 설계되었다. 실험은 2002년 11월에 시작하여 2004년 12월까지 진행했다. 빗물정원으로 유입된 물은 겨우 0.8%만 지표면 위로 넘쳐흘렀고, 3.7%가 토양에 남았으며, 95.4%가 지하로 침투했다. 이 결과는 간단한 장치로 땅 위로 흐르는 물의 양을 줄여 홍수 피해를 막고, 많은 양의 빗물이 지하수를 채우는 데 활용될 수 있는 길을 보여준다.

빗물에 함유된 독성물질은 빗물정원을 통과하는 동안 99%나 제거되었다. 이는 독성물질이 토양에 흡착되었거나 미생물에 의해 분해되었기 때문이다. 배출수의 질소도 크게 감소되었다. 그 이치는 이렇다. 빗물에 잠기는 정원의 낮은 지대 토양에서는 넉넉한 수분이 산소 공급을 낮춘다.

산소 공급량이 낮아지면 질소산화물이 환원되는 과정인 탈질작용이 촉진된다. 탈질작용으로 질소화합물이 기체 형태(이를테면 N_2O, N_2)로 바뀐다. 기체 형태의 질소는 대기 중으로 날아가고 물에 씻기는 질소화합물의 양은 그만큼 줄어든다(이도원, 2004).

반면에 배출수의 인(phosphorus) 함량은 오히려 증가했다. 이것은 환원상태에서 토양 입자에 흡착된 인이 물에 잘 녹는 형태로 바뀌는 특성 때문일 것이다. 어쨌거나 수질 관리 측면에서는 빗물에 의해 땅에서 손실되는 인의 양을 줄여야 한다. 왜냐하면 하천이나 호수로 흘러들면 부영양화를 일으키기 때문이다. 다행히 빗물정원 아래에 작은 연못 또는 습지를 곁들이면 그 양을 줄일 수 있다. 이처럼 빗물정원과 습지의 결합은 비가 올 때 지표를 흐르는 물의 양과 질을 상당히 관리할 수 있다. 이런 방식들을 모아 최선관리방책(Best Management Practices, BMPs)이라 한다.

디자인 거리 변화에 대한 내 비판의 눈길은 낙성대길과 남부순환도로에서도 머문다. 낙성대길은 보도를 나누어 만든 소나무 거리 녹지와 함께 중앙분리대가 있어 새롭게 다듬어 보고 싶다. 그것은 보도 녹지와 중앙분리대 높이를 차도보다 낮추는 방안이다. 이 착상은 학생들과 함께 그런 여건에 권장할 만한 식물 종류를 문헌에서 검토하고 글로써 제안해 보는 일로 발전되었다.

"땅을 낮추고 다양한 식물을 심어 지표를 덮거나 가리는 표면적의 넓이를 넓히는 방식이 가능하다. 중앙분리대의 높이를 차도보다 낮추고, 나뭇잎 분포의 수직 다양성을 높이도록 다양한 식물을 심는다. 때죽나무와 모감주나무, 이팝나무, 화살나무, 좀작살나무, 사철나무, 비비추, 맥문동 등 수분과 소금기에 견디는 능력이 높은 식물을 활용하는 것이 적절하다 - 이것은 눈길에 뿌리는 염화칼슘 피해를 줄이는 한 가지 대안이다. 아울러 차량이 중앙분리대를 넘지 않도록 방호벽이나 펜스를 설치한다(이도원 등, 2009)."

이런 제안의 뒤를 받치고 있는 생태학적 원리도 뒤에 소개할 예정이다.

다시 출근길로 돌아가면 서울대학교 정문 쪽으로 가는 버스는 관악소방서를 지나 고개를 넘는다. 산줄기를 깊이 잘라내어 만든 고갯길 옹벽에 벽화와 글을 곁들어놓았다. 세월과 함께 그 손길은 조금씩 퇴색되고 덩굴나무에 가려지고 있지만 절개지 풍경에 정감을 보탠다.

고개를 넘으면 멀리 전망이 트이고 마음에 한결 여유가 돋는다. 근래에 들어 그 고개를 넘는 사람들이 부쩍 늘어 반갑다. 때로는 보행자 행렬에 외국인이 더 많기도 하다. 역시 어린 시절 많이 걸어본 사람들이 걷는가 보다. 사정이 어려운 나라의 유학생이려니 하고 짐작해 본다. 어쨌거나 이러한 변화는 내 가슴에 조금씩 희망을 키운다. 더 많은 사람이 저 길로 걷는 미래가 머지않아 올 것만 같다.

버스는 서울대학교 정문 앞의 비교적 넓은 공간을 이웃하며 신호등을 기다린다. 나는 광장 가운데에 놓인 녹지를 조금만 바꾸어보고 싶은 욕망을 오래전부터 품어왔다. 앞에서 언급했던 대로 녹지 지면을 도로 수준보다 낮추는 일이다. 이 욕망은 이 글의 곳곳에서 주장하고 있는 논리에서 비롯되었다.

출근길에 넘은 고개와 서울대학교 정문 사이 도로를 오가는 버스와 자동차들, 이것들이 내뿜는 매연의 검댕과 질소산화물, 황산화물 등은 어디로 갈까? 일부는 바로 공기와 섞이고, 무게를 감당하지 못하는 물질은 아스팔트 차도와 이웃 공간에 내려앉을 터이다. 도로에 내린 물질의 운명은 빗물에 씻겨 낮은 곳으로 흘러간다. 빗물은 정문 앞 차도를 따라 흘러 마침내 도림천에 다다르고, 그 물은 다시 안양천으로, 한강으로, 서해로 흘러갈 것이다. 이렇게 매연은 수질오염물질이 된다.

내 문제의식은 도림천으로 흘러드는 수질오염물질의 양을 줄이고 싶은 바람에서 비롯되었다. 서울대학교 정문 앞 공간엔 제법 넓은 녹지가 있다. 그 녹지는 볼록한데, 그곳을 오목하게 만든다면 매연물질을 품은 빗물이 통과하면서 정화될 기회가 생긴다. 그 까닭은 이렇다. 풀밭을 흐르는 빗물은 식물의 저항을 받으며 유속이 느려진다. 느려진 물은 잃어버린 속도에너지만큼 싣고 가던 물질을 내려놓는다. 부유물질이 침전되는 것이다. 마치 흙탕물을 성긴 여과지에 통과시킨 것처럼 부유물질의 양을 줄이는 결과와 비슷하다. 결과적으로 풀밭을 통과한 지표와 지하의 유출수를 여과하는 효과가 생기는데 그런 지대를 식생여과대라 부른다. 때로는 오염 정도를 완충하는 기능에 주목하여 식생완충대라고도 한다.

질소산화물과 황산화물은 토양 입자에 흡착되거나 미생물과 식물이 즐겨 분해하여 흡수하는 물질이다. 따라서 도림천이 받는 오염물질의 부담은 줄어든다. 이것이 바로 구미 여러 나라에서 식생완충대 조성에 예산을 투자하고 도로의 중앙분리대를 낮추는 까닭이다.

한편 도시의 불투수성 지표는 토양과 육상생물에 의해 물질이 활용되는 과정을 차단함으로써 사람들에게 불리한 생지화학적 과정을 야기한다. 또한 불투수성 지표는 빗물의 토양 침투와 토양 수분보유량을 줄인다. 따라서 낮은 수분 증발로 기온이 상승하고 공기가 건조해진다. 반면에 높은 토양 수분보유능력을 가진 경관 요소들을 도입하면 증발산의 증가로 도시의 열섬효과가 완화되고, 쾌적한 환경을 유지하는 데 도움이 된다. 식물의 증산과 지표와 토양에서의 수분 증발은 지표면의 에너지

수지를 조절하고 대기를 냉각시켜 쾌적성을 높이는 것이다. 도심을 녹화하는 것만으로도 2℃ 정도의 기온 저감 효과를 얻을 수 있다는 연구결과도 있다. 또한 녹지는 토양과 생물의 표면적을 증가시켜 침적된 독성물질과 질소, 황 등을 많이 흡착할 뿐만 아니라 그 물질을 분해하고 흡수하는 왕성한 생물활동을 제공한다.

이러한 기능이 활발한 녹지를 갖추면 그만큼 환경 개선 효과는 증대한다. 따라서 빗물을 최대한 활용하고 외부로 유출되는 양을 줄이는 녹지 디자인이 바람직하다. 구체적으로 빗물이 높은 곳에서 낮은 곳으로 흘러가며 생기는 수문학적 생태학적 원리를 최대한 활용하는 녹지 디자인 방식을 발굴할 필요가 있다. 토양으로 물이 스며들어 땅속에 저장되고, 오목한 요면(凹面)에 의한 지표면 저류와 그에 따른 증발산으로 빗물이 자연적으로 소비되면서 하천의 홍수부담을 줄이며, 기온 완화와 습도 조절은 물론 생물의 서식환경 개선과 수질 정화 등의 효과를 최대한 발휘할 수 있는 디자인 말이다.

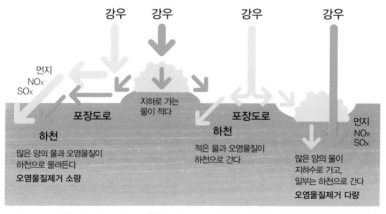

▲ 현재 가로에 흔히 나타나는 녹지 띠(왼쪽)와 디자인 개선으로 예상되는 녹지 띠(오른쪽)의 생태 수문 과정 비교. 짙은 화살표와 옅은 화살표는 각각 녹지와 도로 위에 떨어진 빗물을 나타낸다(이도원 등, 2009). 증발산 과정은 그림에서 생략했다.

도시로 이사 온 시골뜨기 소나무
양수인 소나무가 음수와 경쟁할 때

출근길에 늘 지나다니던 옛 관악구청의 조경도 결코 마뜩잖다. 2000년대 초 그곳엔 옮겨온 자연석과 흙으로 작은 동산을 쌓고 그 위에 작은 소나무들을 여러 그루 심어놓았다. 그 조경 소재들이 원래 자리 잡고 있던 풍경은 휑하니 뚫렸으리라. 도시를 꾸미자고 시골 땅을 망가뜨려야 할까?

그런데 어느 해에 새롭게 바꾼 구청 건물과 조경은 내 마음과 더 먼 쪽으로 가버렸다. 청사 앞과 왼쪽에 훨씬 더 크게 자란 소나무 열네 그루가 옮겨져 왔다. 이 변화에 대한 내 마음을 어느 해 시민환경대학 강의에서 드러낸 적이 있다. 마침 시민환경대학 탄생의 주역이었던 구청의 도시계획국장이 함께한 자리였다. 그는 그중에서 두 그루 소나무는 한 그루당의 가격이 2천만 원이라고 말했다. 그 소나무들은 어디에 있다가 그곳으로 끌려왔을까?

2009년 5월 11일 아침 출근을 앞둔 시간, 아내가 보고 있는 텔레비전 화면이 슬쩍 지나간다. 소나무 도난 사건이 발생하여 마을 사람들과 군수가 나서서 찾고 있다는 내용이다. 마을 이름을 적어서 연구실로 향했다. 도착하자마자 인터넷을 검색해 보니 사건은 4월 25일 전라북도 완주군 운주면 장선리 가척마을로부터 500m 가량 떨어진 장선재에 서 일어났다. 수령 300년 정도의 소나무를 밤새 파내고는 가지와 뿌리의 일부를 잘라내 훔쳐갔단다. 어느 블로그에 그 소나무 아래서 50년 전에 찍었다는 사진이 올라와 있다.

일제강점기 교복 차림의 중학생 정도로 보이는 소년소녀들의 기념사진이다. 헐벗은 산을 뒤로 하고 홀로 선 소나무 사진 한 장은 많은 사연을 담고 있다. 그 무렵 취사와 난방을 위한 땔감의 주요 공급지였던 산은 역시 헐벗었다. 독야청청 늠름한 한 그루 소나무에 대한 동네 사람들의 애정은 아주 깊었으리라. 추측컨대 그곳에서 성장기를 보낸 소년소녀들 대부분은 이제 고향을 떠났으리라. 그 소나무는 사진 속 주인공들의 추억 속에 깊이 남아 저들의 가슴을 아리게 할 것이다. 자주 고향 땅을 밟지 못하더라도 저 소나무를 중심으로 함께하던 친구들을 그리워하리라. 아울러 그 블로그에는 소나무를 찾는다는 현상공고가 있었다. 아마도 추억의 소나무는 이미 도시의 어느 곳으로 실려 갔거나 아니면 어느 후미진 땅에 감추어져 있을 것으로 짐작된다. 수년이 지나 완주군청에 나무의 종적을 물어봤으나 대답은 시큰둥했다.

서울시 관악구청 앞의 소나무와 도둑맞은 전라북도 완주군 장선재의 소나무는 분명히 직접적인 연관성이 없다. 그럼에도 불구하고, 이들은 보이지 않는 끈으로 이어져 있다. 그것은 소나무에 대한 한국 사람들의 유별난 애착과 흥미로운 자연의 이치, 곧 소나무의 생태가 얽혀서 만드는 끈이다.

소나무는 그늘에서 견디는 능력이 상대적으로 낮은 식물이다. 그런 식물을 양수라 부른다. 숲이 우거지면 그늘에서도 잘 견디는 음수(주로 낙엽활엽수림)에게 양수가 밀려나는 것은 자연의 이치다. 어떤 의미에서 지난 수십 년 동안 엄격하게 지속된 산림보호운동이 소나무에겐 썩 달갑지 않은 부분도 있다. 보호운동이 성공하는 동안 소나무들은 음수들의 끈질김에 견디지 못하고 대부분 척박한 땅으로 내몰린 것처럼 비친다.

그런 현상은 소나무와 공생하는 송이버섯 생산지를 꼽아보면 대충 짐

▲ 능선 부분에 남아 있는 소나무군락. 토양 수분과 유기물이 넉넉한 낮은 계곡에 낙엽활엽수들이 먼저 있던 소나무들을 밀어내고 차지한 모습이 봄과 가을엔 확연하다. 단풍이 든 지역은 주로 상수리나무와 다른 종의 참나무속 식물들이다. 주위의 산줄기에 있는 초록색은 일부 소나무도 있지만 주로 1970년대 녹화사업에 많이 이용되었던 리기다소나무가 우세한 숲이다. 숲이 더욱 발달하고 토양이 비옥해지면 활엽수림은 남아 있는 소나무들을 능선 쪽으로 더욱 밀어붙일 것이다(2007년 11월 1일 서울대학교).

작할 수 있다. 흔히 백두대간이라 하는 산악지대의 능선 가까운 사질토에서 소나무들은 삶을 이어가고 있다. 그곳은 앞에서 소개했던 관악산 토양처럼 입자가 거칠기 때문에 수분보유능력이 낮다. 그렇게 메마른 땅으로는 다른 수종의 나무들이 범접하기 어려운 덕분에 소나무들이 버틸 수 있다. 그러나 그런 땅에서도 저지대는 상대적으로 토양 수분이 넉넉하다. 따라서 낮은 곳에 식물이 잘 자라고 시간이 흐르면 유기물(부식토)이 먼저 쌓인다. 그렇게 땅이 좋아지면 소나무는 음수들의 등살에 견디지 못하고 밀려난다.

나는 그런 소나무에서 시골뜨기의 근성을 본다. 문화적으로 풍성한 땅에서는 도시 사람들과 경쟁에서 불리하지만 육체 노동이 주요 생업인 땅에서는 적응능력이 더 높은 사람이 있는 법이다. 거친 땅에서 작은 생물과 공생관계로 난관을 극복하는 소나무의 능력이 탁월하지만 땅이 좋아지면 그 능력은 힘을 잃는다. 어찌 보면 시골 공동체의 깊은 친목이 각박한 도시에서는 쇠퇴하는 사연과도 닮은 데가 있다.

메마른 땅에서 음수인 낙엽활엽수가 양수인 소나무를 밀어내지 못하는 가장 큰 이유는 낮은 토양 수분보유능력과 적은 인(phosphorus) 함량 때문이다. 소나무는 자신의 뿌리에 송이버섯을 포함하는 균근에게 삶의 터를 내리게 하고, 자기가 만든 광합성 산물을 에너지원으로 제공한다. 균근은 그 에너지를 얻어 만든 가는 팡이실(균사)을 흙 알갱이 사이로 길게 뻗어 틈 사이의 물과 흙 알갱이에 붙어 있는 인을 빨아들인다. 곰팡이(균근)가 챙긴 물과 인은 소나무 뿌리를 통해 소나무 잎으로 전해져 광합성에 쓰인다. 마치 콩과식물과 뿌리혹박테리아가 질소와 유기탄소를 나누어 공생을 이루듯이 소나무와 균근은 물과 인을 유기탄소와 바꾸며 서로 돕는 관계를 맺은 것이다.

이런 까닭에 녹화운동이 성공한 우리나라에 이제 자연송림은 대부분 가파르고 접근이 어려운 능선에 몰려 있다. 그곳은 사람의 손길이 미치기 어려운 곳이다. 그래서 멋진 소나무가 있다 하더라도 그림의 떡이다. 아주 비싼 운송비를 감당해야 손에 넣을 수 있기 때문이다. 그렇다면 도시 조경용 소나무들은 어디에서 구할 수 있을까?

도시의 소나무들은 어디에서 왔을까?
소나무와 함께 사라진 시골의 경관

어디서 왔는지 모를 도시의 늠름한 소나무들, 나는 저 소나무들이 과연 정당한 과정으로 왔는지 의심의 눈초리로 바라본다. 음수들에 밀려 능선 위에 서 있는 소나무를 옮기자면 인건비를 감당하기 어렵고, 운반비를 절약하자면 쓸 만한 소나무를 평지에서 찾아야 한다. 찾아보면 그런 나무들은 대체로 마을 가까운 곳에도 있다. 주민들이 긴 세월 동안 애써 가꾸고 사랑했던 나무들이다. 업자들은 그런 나무들을 얻기 위해 때로는 돈으로 주인을 유혹하고, 때로는 몰래 켜다놓은 나무들을 알선한다. 물론 산을 헐고 도로를 만들 때 옮긴 소나무들도 더러 있다. 그런데 믿을 만한 조경업자에 따르면, 그렇게 조달되는 조경용 소나무는 공급량의 적은 부분일 뿐이다.

도회인의 지나친 소나무 사랑은 시골 풍경을 그렇게 해치고 있는 셈이다. 경제학에 문외한인 나도 자본이 전통의 공간을 망가뜨리는 한 자락을 읽는다. 그리하여 소나무를 매개로 일어나는 시골과 도시라는 공간의 관계는 경관생태학이라는 학문에서 주목할 만한 주제가 된다. 너와 내가 관계가 있다면 무언가를 주고받는 것이다. 도시와 시골은 소나무와 돈을 주고받으며 관계를 맺는다. 그 관계가 부적절하여 특히 시골 사람들의 마음이 불편한 것이다. 가척마을 장선재 소나무의 도난사건은 공간의 부적절한 관계를 알려주는 한 가지 보기일 뿐이다.

언젠가 답사길에 강원도 영월에 있는 장릉 앞 식당에서 이른 아침식사를 할 기회가 있었다. 그 시각 장릉 주차장에는 커다란 소나무를 실은 트

▲ 도시로 실려 가는 소나무(강원도 홍천군 홍천읍 부근)

럭 두 대가 보였다. '소나무를 옮기는 차는 대개 어둠이 내린 저녁이나 새벽에 이동하는 듯했는데……. 운전기사는 아침식사를 하고 있나?' 이런저런 혼자만의 생각에 잠긴 채 식당으로 들어섰다. 나는 창밖을 가리키며 주인 할머니께 여쭈었다.

"할머니, 저렇게 소나무를 실은 트럭이 자주 지나가나요?"

"하루에 한두 번은 지나가지요."

내가 가끔 지나친 강원도 홍천에서도 우연히 소나무를 실은 트럭이 지나가는 것을 더러 목격했다. 강원도의 소나무들이 더 화려한 땅으로 노예처럼 실려 가는 광경이다. 도시인들의 소나무 사랑이 이 땅에 그리는 오늘날의 풍속도로 보면 된다. 하기야 서울의 중구청은 아예 소나무 거리를 만든다고 했으니 얼마나 많은 소나무들을 옮겨놓았을까? 관악구청 앞에 새로 심은 소나무 열네 그루는 그런 풍경을 만드는 마음에 비하면 애교로 봐줘야 하나보다.

　나중에 들으니 상품 가치가 높은 오래되고 덩치가 큰 소나무들의 운반 과정에는 아름답지 못한 마음과 행위가 꽤 도사리고 있단다. 시골에서 도시로 오는 동안 큰 도로나 터널 등을 여러 차례 지나야 하는 사정 때문이다. 운반은 다른 차들의 통행을 방해하는 일이 생기니 어쩔 수 없이 차량 이동량이 적은 시간에 이루어져야 한다. 그러나 합법적인 운송경로를 이용할 수 없을 정도로 큰 나무는 통과를 위한 서류절차가 까다롭기도 하다. 그 과정에 때로는 웃돈을 내는 사례도 있고, 불법적 운반행위가 적발되어 벌금을 물어야 하는 사례도 있다는 것이다. 믿고 싶지 않은 이야기다.

소나무가 죽은 이유를 찾아야 하는 우리의 숙제
배수불량보다 수분부족을 걱정해야 하는 서울

서울대학교 정문으로 들어서기 직전 오른쪽에 제법 큰 소나무 한 그루가 서 있다. 소나무가 서 있는 곳은 보도와 차도보다 꽤 낮다. 아마도 서울대학교가 1975년 이곳으로 이전하기 전부터 그 소나무는 이곳에 자라고 있었을 것이다. 녹지 주변을 축대로 쌓아놓은 것으로 봐서는 이전하기 전 옛날 지면이 바로 지금 그 소나무가 서 있는 높이 정도였을 듯하다.

사실은 그곳엔 몇 년 전까지 같은 크기의 소나무가 한 그루 더 있었다. 박사학위를 위해 식생완충대 효과를 공부한 전력으로 나는 앞서 소개한 바와 같이 30년 넘게 도시 녹지를 낮출 필요가 있다는 주장을 해왔다. 그때마다 부딪치는 반대 의견은 배수 문제였다. 내 제안대로 하면 배수가 불량하여 소나무가 죽는다는 것이다. 그것은 부분적으로 맞는 말이다. 그러나 서울의 토양이 가진 특성을 고려하면 찬동하기 어렵다. 지면이 낮은 그곳에서 오랫동안 늠름하게 살아가고 있는 소나무가 내 주장을 뒷받침한다.

"보세요. 이곳에서도 나무가 배수불량으로 죽는 것은 아니잖아요."

그 덕분에 계속 관심을 가지고 그곳을 살펴보았고 사진도 남겨놓았다.

이러한 내 주장의 뒤에는 오래된 이야기가 함께한다. 서울 광화문 앞에는 해치 돌조각이 동서로 하나씩 있다. 다른 주장도 있지만, 들리는 말로는 타오른 불꽃처럼 보이는 관악산의 불기운을 누그러뜨리기 위해 세웠다고 한다. 나는 미신 같은 이 이야기의 속내를 약간 다른 시각으로 본다. 조선의 수도인 한양은 화강암 덩어리로 이루어진 지반과 그 암석이 풍화되어 형성된 토양 위에 놓인 도읍이었다. 모암이 화강암이기 때문에 선인봉과 인수봉과 같은 바위투성이의 산이 생기고, 옛사람들의 눈에 불꽃처럼 보였다는 관악산 형상이 나오기 쉽다. 그런 곳에서 풍화된 토양 입자는 굵어 물이 쉽게 빠져나가는 사실은 앞에서 설명한 바와 같다. 그런 까닭에 사대문 안의 한양에서는 비가 내려도 물이 청계천으로 아주 빠르게 빠져나가 땅에 남는 양이 적으며, 비가 그치고 해가 나면 땅은 금방 달구어진다. 그런 특성을 지닌 한양을 불기운이 강한 땅으로 본 것이다. 건조한 겨울바람이 불고 목조건물이 많던 옛날, 한양은 특별히 불조심을 해야만 하는 상황이었고, 그래서 해치 이야기도 나왔을 것이다.

요컨대 서울은 수분보유능력이 약한 토양 위에 서 있는 도시다. 배수불량보다는 수분부족을 걱정해야 할 도시라는 말이다. 더구나 요즘엔 압도적으로 도시를 석재로 조성하여 열섬효과가 금방 나타날 수밖에 없다. 석재는 비열이 낮아 조금만 가물고 햇볕을 쬐면 공기가 쉽게 데워진다. 이런 경관에서 적으나마 청량감을 얻으려면 열기를 식혀주는 실질적인 방편이 필요하다. 최대한 넓은 면적의 물과 숲, 그리고 이들과 뗄 수 없는 투수성 토양의 지면을 넓히는 길을 모색해야 한다.

그런데 정문 앞에 있던 두 그루의 소나무 중 하나는 이제 사라졌다. 생을 마감한 때를 2008년 초로 기억한다. 한 그루는 살아남고 한 그루는 먼저 세상을 떠난 원인은 뭘까? 아마도 배수불량 탓이 아니라 나무들이 서 있던 자리의 미묘한 차이가 가물었던 그해 겨울을 견디는 힘의 차이를 빚어냈으리라. 그 무렵 나는 지금은 은퇴하신 이경준 교수님을 출근하는 버스에서 우연히 만난 적이 있다. 수목생리학자로 나무병원 일에 관여했던 그분은 그해 서울대학교 교정의 여러 그루 잣나무들뿐만 아니라 상록성을 지닌 철쭉이 말라 죽었다고 내게 알려주었다.

2017년 2월 초 국립공원관리공단에서는 봄철 수분부족과 태풍이 지리산과 덕유산 일대에서 구상나무들이 죽는 원인이라는 연구결과를 발표했다. 이제 겨울 가뭄과 늘푸른나무의 생존 관계는 검토해 봐야 할 새로운 숙제다. 기후변화 시대에 대비하는 하나의 연구과제가 되겠다. 그럼 도시조경수 소나무들의 앞날은 어떨까?

▲ 제주도 한라산의 구상나무도 겨울 가뭄과 태풍으로 고사하고 있다. ⓒ 박찬열

거미줄과 주목 사이에 관련이 있을까?
거미와 식물의 생존전략에 의한 상호작용

좀 심각한 일을 맡았을 땐 걸으며 골몰하는 시간이 늘어난다. 2004년 동국대학교에서 내게 숙제를 하나 안겼다. 그것은 '생태학에서의 시스템과 상호의존성'이란 주제를 정리하여 에코포럼 창립 모임에서 발표를 하는 것이었다. 덕분에 한동안 이 주제에 대한 고민을 걸음으로 다독거리는 시간을 가졌다.

그때는 출근길이 자동차로 한 시간 정도 걸리는 동네에 살았다. 가끔씩 버스로 다니며 서울대입구역에서 내려 연구실까지 오곤 했다. 관악구청과 관악소방서 앞을 지나 서울대학교 수의대 진입로로 들어선 어느 날 거미줄이 유난히 많이 걸린 나무 앞에서 발걸음이 잠시 멎었다.

'이곳에 거미줄이 유난히 많네. 무슨 사연이지?' 살펴보니 거미줄은 조경수로 심어놓은 소나무와 주목(옆으로 누운 특성으로 봐서 식물분류학적으로 정확한 이름은 눈주목)에 걸려 있다. 아무래도 주목과 관련이 있겠다는 느낌이 온다. 그리고는 몇 가지 의문이 꼬리에 꼬리를 문다. '어쩌면 주목이 내뿜는 물질이 곤충을 유혹하는가 보다. 그래서 먹이를 노리는 거미도 늘어나는 것이 아닐까? 그렇다면 주목은 왜 냄새를 풍기지? 방향성 물질도 거저 만들어지지는 않으니 생성하는 데 에너지를 투자해야 할 터이다. 그런 까닭에 뭔가 얻는 바가 없으면 방향성 물질 생산은 계속될 리가 없지 않겠는가.' 숙제가 안긴 부담과 느린 걸음이 선사한 마음의 여유가 함께 평범한 풍경을 만나 조금 엉뚱한 자극을 얻은 것이다. 그렇게 나는 주목과 곤충, 거미, 토양의 상호관계에 대한 상상력을 동원

해봤다.

연구실에 이르기 전 나름대로 하나의 답을 얻었다. '거미는 곤충을 먹고 배설할 터이다. 배설물은 흙으로 돌아가면 분해되어 식물이 가져갈 영양소를 보태리라. 이런 과정을 통해서 거미들의 활동은 과연 식물의 삶에 영향을 끼칠 정도로 풍부한 양의 영양소를 공급할까?' 이렇게 하나의 과학적 가설을 얻었다. 이것은 명백하게 걸음이 베푼 느낌이 내게 안긴 선물이다.

이 착상은 한동안 내게 거미에 대한 관심을 불러일으키더니 영양소 순환에서 동물의 역할 쪽으로 상상을 더욱 넓혀갔다. 그러나 나는 과학적 상상에 버금가는 가설검정이라는 과학행위로 이르지 못하고 기회만 엿보는 상황에 머물러 있었다.

세월이 흘러 조경학도들과 함께 답사를 간 기회에 경상북도 안동의 병산서원에서 나는 다시 비슷한 장면을 만난다. 그날 서원에 대한 장황한 해설시간이 지루해진 나는 슬그머니 혼자 자리를 빠져나왔다. 말보다 자연산물 보기를 좋아하는 나는 만대루 바로 아래에 섰다. 문득 기둥 뒤로 거미줄이 잔뜩 얽힌 주목 한 그루가 보였다. 나중에 학교에서 다시 주목에 군집을 이룬 거미들을 보았다. 충청남도 서천에서는 향나무에서 비슷한 광경을 목격했다. 그렇게 식물이 뿜어내는 방향성 기체가 어떤 종류의 거미에게 매력요소가 되겠다는 짐작은 더욱 힘을 받았다.

이런 이야기를 하면 귀를 쫑긋하며 그럴 듯하다는 반응을 보이기는 해도 실험을 해보겠다고 나서는 사람은 없었다. 나는 그저 이야기로 남을 착상으로 간주하고 더는 실증의 길을 찾지 못하며 세월을 보냈다. 그러던 중 2010년 1학기 환경생태학 시간에 공동과제 주제로 다루어보겠다는 학생들이 나타났다. 학생들이 거미와 곤충 전문가의 도움을 받아 짧

▲ 주목의 거미줄(경상북도 안동시 하회리 병산서원)

은 기간동안 거미를 관찰하고 발표한 내용은 내게 새로운 선물이 되었다. 그들이 회양목에 사는 거미를 연구하고 내린 결론을 조금 손질하여 소개해보면 다음과 같다.

거미에 대해 문외한이라 관찰한 거미 이름이 분명하지 않지만 들풀거미로 보인다. 들풀거미가 특정식물에 서식하는 것은 먹이인 곤충의 양보다는 거미줄을 치기 쉬운 식물 구조에 영향을 받는 것으로 생각된다. 거미가 많은 회양목에는 그렇지 않은 철쭉보다 곤충의 양이 많지 않았다. 그럼에도 불구하고 가지 밀도가 높은 회양목에 거미줄이 많고 규모도 큰 것으로 보아 들풀거미의 서식지는 특정식물의 구조와 관련이 있는 것으로 보인다.

학생들의 결론에 이론의 여지가 없다면 나는 좀 지나친 상상을 한 것이 된다. 식물의 냄새가 곤충을 유혹하고, 곤충을 먹은 거미가 그 식물에 거미줄을 친다는 내 추측은 아직 학술적 근거가 부족하다. 그러나 학생들의 결론도 내 상상도 아직 미흡한 바탕 위에 놓여 있다. 결론은 좀 더 엄정한 검정 과정을 거친 다음에 내려야겠다. 학생들이 곤충의 양과 거미 밀도가 무관하다는 현상을 발견했다고 해서 냄새는 거미의 출현과 관련이 없다거나, 거미 활동이 토양에 영양소를 보태는 기여를 못할 것이라고 단정 지을 수는 없다. 아직 연구거리로 남아 있는 것이다.

흥미롭게도 성장이 느린 주목과 향나무, 회양목은 메마른 땅에 적응한 식물이다. 그 식물들이 자기들만의 독특한 생존전략으로 선택될 가능성은 여전히 남아 있다. '살아 천년 죽어 천년'이라는 수식어를 가진 주목은 느리고 단단하게 자라는 나무임에 틀림이 없다. 충청북도 담양 매포의 석회암 지대에 자라는 향나무군락과 강원도 강릉의 석병산 석회암 지대와 서울의 관악산 화강암 지대에 자라는 회양목도 모두 수분보유능력이 낮은 토양에 견디는 생리를 가진 나무들이다. 그 나무들이 풍기는 냄새든 독특한 형태의 가지 구조든 거미를 유혹하여 곤충을 영양소로 전환시키는 전략은 우연일 수도 있다. 그러나 여전히 그 과정이 생존에 보탬이 된다는 사실을 부정하기 어렵다. 나아가 내 가설이 옳지 않다 하더라도 탐구활동을 자극한 내 과학적 상상은 의미가 있다. 연구가 또 다른 의문과 주제를 낳는 과학탐구의 특성은 오히려 그래서 끊임없는 매력인 것이다.

어린 시절 말매미를 잡던 실력
대량 발생하는 매미가 사슴을 살찌운다.

거미에 대한 경험은 동물생태에 대한 내 관심을 자극했다. 지난날 그냥 넘기던 동물 소재의 글을 들여다보는 시간도 조금씩 늘었다. 매미에 대한 관심은 그렇게 돋았다. 어린 시절의 놀이에서 인연을 맺은 매미가 마침내는 내 공부의 대상이 되겠다.

딸애는 내가 모아놓은 짧은 글 중 고향 단상에 대한 소감을 이렇게 적어놓았다.

"여름에 아빠는 소꼬리의 털을 뽑아 만든 올가미를 가느다란 대나무 끝에 묶은 다음 나무 높이 있는 매미의 목에 걸어 시끄럽고 까만 곤충을 잡아주셨다."

딸애의 추억 뒤에는 다음과 같은 사연이 있다.

어린 시절 여름이면 고향 마을엔 말매미 소리가 시끄러웠다. 그 말매미를 잡는 방법을 보고 실천하여 성취감을 맛본 때는 아마도 내가 초등학교 1, 2학년 정도였을 것이다. 그 시절 어린 소년들은 말매미를 이렇게 잡았다. 먼저 소꼬리 털을 하나 뽑아 올가미를 만들고 긴 꼬챙이에 묶는다(고향에서는 흔히 제릅이라 부르던 대마 줄기나 가는 대를 사용했다). 이 간단한 장치를 들고 매미들이 우는 나무 아래로 살금살금 걸어간다. 나무줄기에서 울고 있는 매미 머리 위로 올가미를 살며시 올린다. 매미는 울음을 멈추고 앞다리를 들어 불청객인 올가미를 조심스럽게 건드려본다. 숨을 죽이고 손잡이를 살살 조절하며 아래로 당긴다. 매미는 자신도 모르게 머리까지 올가미에 걸려든다. 어느 날 나는 벽오동나무에서

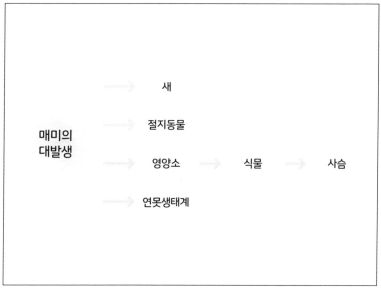

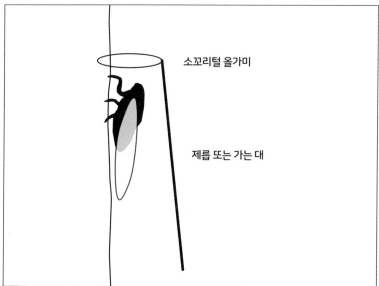

▲ 매미의 대발생이 일으키는 생태적 과정.(Yang, 2008)
▼ 말매미 잡는 법. 소꼬리 올가미를 머리 위에 가만히 올려두고 아주 천천히 당기면 매미가 앞발로 건드리다가 스스로 걸려든다.

예닐곱 마리의 말매미를 잡은 순간 희열이 가득한 몸을 떨었다. 딸애가 어렸을 때 나는 이 기술을 자랑스럽게 시연해 보였다. 부녀의 짧은 교감이 그렇게 인상적이었던 모양이다.

거미로 촉발된 매미에 대한 관심은 논문을 찾아 읽는 데까지 발전했다. 우리나라 매미는 2~6년 동안 땅속에서 애벌레 시절을 보내고 성충이 되는데 미국 매미는 13~17년 정도의 생활사를 가지고 있다. 미국 매미는 그 주기로 대발생하는 경향이 있다. 생물학적으로 보면 매미의 몸뚱이는 식물의 영양소 덩어리라 미국 매미의 주기적인 대발생은 생태계에 흥미로운 변화를 일으킨다.

매미는 먹이가 됨으로써 새와 절지동물의 활동을 덩달아 크게 증가시킨다. 매미의 주검은 썩어서 영양소로 변하고(무기화 과정, mineralization), 식물의 생산성을 높이며, 초식동물인 사슴의 숫자와 몸무게를 늘이는 작용도 한다. 연못으로 들어간 매미의 주검은 수중생태계의 먹이사슬 운명을 바꾸는 촉발제가 되기도 한다.

그렇다면 근래에 성가시게 증가하는 외래곤충 솔잎혹파리나 주홍날개꽃매미가 이 땅에 직접적 피해뿐만 아니라 간접적인 영향도 끼친다. 이것은 특정 생물 개체군이 생태계 과정에 보태는 작용이기도 하다.

비만 오면 보도로 흘러내리는 흙
키 작은 풀들이 나무를 크게 키운다

　버스를 타고 연구실로 곧장 오거나 걷는 날이면 국제대학원 앞을 지나게 된다. 그리고 환경대학원으로 가는 짧은 구간에서 만나는 두 가지 풍경은 한동안 내 관찰의 대상이었다. 하나는 교정 위로 시선을 넘겨 맞은편 산을 바라보는 것이다. 그곳에서 확인하는 시간과 공간에 따른 풍경은 흥미롭다. 계절에 따른 숲의 색깔 변화는 계곡에서 능선까지 이어지는 높이를 따라 수종 분포가 만드는 질서를 더욱 뚜렷하게 보여준다.

　소나무 이야기에서 소개했듯이, 계곡부에는 갈잎나무들(현장에 가보면 주로 상수리나무와 신갈나무, 갈참나무들이 서 있는 숲)이 있고, 능선엔 산림녹화사업으로 1970년대에 심었던 리기다소나무들이 남아 있다. 봄이면 언뜻 봐도 계곡부의 갈잎나무들도 두 가지 색깔로 구분된다. 색의 변화는 먼저 물길 가까운 곳부터 나타나는 듯싶다. 나뭇가지에 봄기운이 내릴 때면 연두색 숲띠가 계곡을 따라 자리를 잡는다. 회색빛으로 시작하여 며칠 차이를 두고 노란 기운이 조금씩 돋아나는 숲띠가 다음 사진에서 모습을 드러낸다. 나는 그 까닭을 짐작한다. 아래로 뻗어 내린 능선에서 물길이 생기는 계곡까지 이르는 선을 가로질러 토양 수분 분포의 구배가 생기는 모양이다. 능선에서는 건조한 기간이 길고, 계곡으로 갈수록 상대적으로 수분은 넉넉할 것이다. 그리하여 계곡 바닥에 뿌리를 내린 식물과 물길을 약간 벗어난 땅에 사는 식생지역이 띠 모양으로 구분되는 색조를 봄이면 확인할 수 있게 된다.

　이제 내가 하루 생활의 대부분을 보내는 환경대학원 건물로 들어서기

▲ 관악산의 봄. 사진의 가운데 계곡에서 낮은 곳보다 소나무가 있는 능선 가까운 쪽에서 먼저 신록을 보이고, 낮은 곳은 약간 회색빛을 띠고 있다.

직전이다. 발길의 왼쪽은 국수봉 능선에서 흘러내리는 비탈의 숲이다. 국수봉은 기숙사와 환경대학원 사이에 있는 봉우리다. 오른쪽으로는 느티나무 가로수가 줄지어 서 있다. 그 가로수 뒤로 평평하게 정지된 땅은 잔디밭이다. 보도는 약간 높은 잔디밭과 비스듬히 만난다. 한바탕 비가 내린 다음 날이면 흘러내린 흙이 보도 곳곳에 흩어져 있다. 어떤 곳에는 흙이 제법 모여 있고, 어떤 곳은 비교적 말끔하다. 가만히 보면 말끔한 곳은 대부분 잔디밭이 보도까지 닿아 있다. 잔디가 발길에 밟히거나 제대로 햇빛을 받지 못한 부분에서는 흙이 드러나고 이웃한 보도에도 제법 쌓인다. 빗물을 따라 흙이 흘러내린 것이 틀림없다.

　이 작은 차이는 비와 바람이 높은 곳에서 낮은 곳으로 흙을 옮기는 작용을 여실하게 보여준다. 더 나아가 풀들이 흙을 잘 보존하는 사실을 알려준다. 도시 녹지에서 키 작은 풀들이 그렇게 흙을 보존하는 고마운 존재인 줄 알겠다. 우리가 흔히 알고 있는 잡초도 이 고마운 역할에서 예외가 아니다. 그 풀이 흙을 보호함으로써 물과 영양소가 풀과 나무 주위에 남는다. 덕분에 이웃한 나무도 덩달아 더 높이 자라고 더 많은 햇빛을 한껏 이용하며 열심히 광합성을 할 수 있다.

나는 가끔 나무와 풀의 관계를 교수와 학생들의 관계에 비유한다. 내 말을 듣는 학생들이 혹시라도 서운해 할지도 모르겠으나 역할 분담에서 보면 굳이 그럴 까닭도 없다. 대체로 학생들은 흔히 나이 든 교수가 챙기지 못하는 정보를 검색하는 능력이 뛰어나다. 그렇게 얻은 정보를 공유하며 교수와 학생들이 학문연마의 길에서 공생하는 부분에 나는 주목한다. 이러한 현상에 대한 이해는 일반상식에 가깝다. 그러나 우리는 이 간단한 이치를 환경관리에 이용하는 데는 서툴다. 녹지를 낮추어 풀들이 물과 영양소를 챙기도록 하자는 앞의 내용과도 연결된다.

◀▶ 토양 침식에 대한 식물과 미지형의 영향을 보여주는 서울대학교 환경대학원 앞 보도. 오른쪽 사진에서는 토양 침식 방지에 대한 낙엽의 효과도 어느 정도 보인다. (2005년 10월 5일, 2010년 10월 13일)

바뀌고 덮인 교정의 물길
물길은 자연의 힘 그대로 흘러야

여기까지 제법 긴 이야기의 대상이 된 서울대학교는 도림천 상류 관악산 기슭에 자리를 잡고 있다. 산에는 늘 크고 작은 물길이 있는 법이다. 학교가 들어서면서 땅은 다듬어져야 했고, 물길도 이리저리 사람의 뜻에 따라 바뀌었다. 홍수를 막자고 물길을 고개 너머로 넘기기도 했고, 사람들의 공간을 만들자고 물길을 덮어버리기도 했다. 그렇게 서울대학교는 작은 물길을 보기 어려운 대학이 되었다.

교정이 자리 잡기 전에 자연스럽게 흐르던 물은 다른 작은 유역으로 길을 바꿨을 뿐만 아니라(오른쪽 그림의 왼쪽 위 부분) 대부분 복개되어 우수거(渠)가 되었다. 옛 물길의 일부는 흔적을 지니고 있으나 자하연이나 공대의 폭포수를 받는 웅덩이는 지하에 묻혀 있는 우수관과 우수거에 연결되어 있다. 그렇게 물길은 직강화와 복개 또는 지하매설로 인해 하늘로 열린 표면적이 크게 줄었다.

이것은 홍수를 막기 위해 빗물을 한시 바삐 내보내려는 배수체계에서 비롯되었다. 그런데 배수체계에는 물이 다정하고 친근한 존재가 아니라 사라져야 할 대상으로 취급하는 태도가 도사리고 있다. 이 태도는 물이 필요하면 언제든지 수도로 구할 수 있는 여건으로 더욱 굳어졌다. 이러한 배수체계는 가까운 장래에 우리 삶에서 소중한 물의 다양한 특성을 배려하는 방식으로 새롭게 바뀌어야 할 것이다.

이제 물길 복원을 이야기하는 사람들이 보인다. 나도 그런 사람들 중 한 사람이다. 물길은 본질적으로 지표의 오목지대로, 물이 이웃한 토양

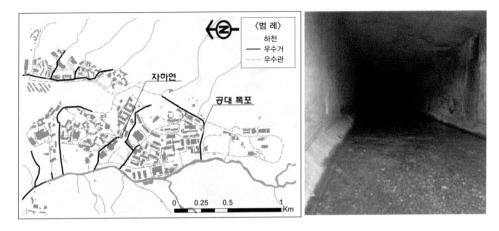

◀ 서울대학교와 주변의 물길과 우수거 분포 ⓒ 이현정
▶ 서울대학교 교정에 있는 우수거 ⓒ 이현정

과 지하로 스며드는 곳이다. 자연의 힘이 만든 곡류를 유지하면 그 효과
는 더욱 늘어난다. 물길 가까이에서 습지식물이 자라도록 하면 캠퍼스에
쌓인 먼지와 질소산화물, 황산화물을 잡아주는 식생완충대 기능도 발휘
된다. 그만큼 서울대학교가 도림천에 대한 오염부하를 줄이는 데 기여할
여지가 있다.

수로에 식물이 자라도록 하면 표면 거칠기가 증가하여 유속이 느려지
고 학교 바깥으로 빠져나가는 물도 그만큼 느려진다. 따라서 도림천 수
위가 최고로 되는 하천유량(첨두유량)이 낮아지고 시간도 지연되기 마련
이다. 수변지역에서 지하로 스며드는 물이 증가하여 비가 오는 시기에
유출량이 감소할 것이다. 특히 수질에서 문제가 되는 초기우수를 여과하
여 아주 작은 비에도 유출이 발생하면서 하천에 미치던 악영향을 저감할
수 있다. 문제는 애초에 토목공사를 하던 사람들이 걱정하던 대로 물이
느리게 빠져나가는 만큼 홍수 피해를 입을 가능성도 있다는 점이다. 그

런 만큼 빗물을 일시적으로 잡아놓을 웅덩이들을 더 많이 마련해둘 필요가 있다.

이런 접근으로 지역사회를 돕는 것이 배우는 자들이 보여야 할 본보기다. 미국 캘리포니아대학 버클리 캠퍼스에서 우리보다 먼저 이런 접근을 한 사례도 있다(Strawberry Creek 복원). 그들은 기존의 암거와는 달리, 물길의 바닥과 주변의 축축한 땅에 자갈과 토양 등 자연 소재를 넣어 식물들이 자라게 했다. 우리가 참고해야 할 선택이다.

개인적으로, 화강암 풍화토로 이루어진 서울대학교 땅에서는 지나친 배수를 걱정해야 할 상황이다. 오히려 물을 가두어 둘 연못을 많이 만드는 것이 이런 여건에 대응하는 수단이 되겠다. 아울러 공동체 일원인 여러 전공 교수들이 머리를 맞대고 자연 조건에 알맞은 해결책을 찾는 시간을 더욱 공유해야 하겠다.

비탈에 위태롭게 선 느티나무
느티나무의 운명을 가르는 환경조건

나는 한동안 자동차나 버스를 타거나 걸어서 연구실을 오갔고, 아들 녀석은 주로 버스를 이용하여 등하교를 했다. 같은 학교를 다녀도 우리의 출타와 귀가 시간은 달랐다. 그러다 보니 신입생 아들은 새로운 여건에 적응하는 데 시간이 걸렸다. 한동안 학교 순환도로를 도는 버스의 존재도 모르는 수준이었다. 어느 날 함께 버스를 타보기로 했다. 가는 방향이 달랐지만 그날은 녀석의 형편에 맞추기로 한 것이다.

서울대학교 본부 진입로 앞을 지나 아들 녀석은 먼저 내렸다. 혼자 남은 내 눈에는 사물들이 들어설 여유가 생긴다. 자연대 건물들이 있는 얕은 비탈에 느티나무들이 서 있다. 나무를 보면서 참으로 오래 전 읽은 글이 떠올랐다. 그것은 독서에 재미를 붙이기 시작할 무렵에 만난 강신재의 『젊은 느티나무』라는 단편소설이다.

혹시나 하며 연구실에 도착하는 대로 인터넷을 찾아봤더니 누군가 전문을 올려놓았다. 애절한 젊은이의 마음은 이렇게 끝나고 있다.

"그리고 빙글 몸을 돌려 산비탈을 달려 내려갔다.

바람이 마주 불었다.

나는 젊은 느티나무를 안고 웃고 있었다. 펑펑 울면서 온 하늘로 퍼져가는 웃음을 웃고 있었다. 아아, 나는 그를 더 사랑하여도 되는 것이다."

다시 보니 강신재의 글은 느티나무에 대한 내 연상과는 거리가 조금 있는 내용이다. 하지만 겹쳐지는 부분도 있다.

비탈에 삶의 터를 내린 나무를 보면 애처롭다. 비바람이 불면 내려놓

▲ 출근길 능선을 따라 고사한 아까시나무

은 낙엽도, 뿌리를 지탱해줄 흙도 끊임없이 흘러내린다. 세월이 흐르면 잔뿌리가 닿아야 할 흙 알갱이는 자꾸만 멀어져가고 뿌리는 앙상하게 내비친다. 흙을 가까이 하지 못하는 나무는 힘들다. 그래서 비탈에 선 나무들은 비틀어져가는 경우가 잦다. 험악한 시대를 버티며 살아낸 사람들의 마음이 꼬이기 쉽듯이 비탈의 나무는 대체로 슬픈 역사를 견디며 꾸려간다. 그런 곳에선 풀도 쉽게 자리를 잡지 않는다.

그렇다고 비탈에 그럴 듯한 모양새를 갖춘 나무가 없는 것은 아니다. 경사가 한풀 꺾인 자리에는 줄기가 늠름한 나무가 보이고 가까운 곳에 자라는 풀이 보이기도 한다. 그 풀들도 이웃한 나무를 닮아 싱싱하다. 그 것은 대체로 미세 지형의 차이로 풀들이 흙을 잘 붙들어 주는 덕분이다.

왜 같은 시기에 같은 비탈에 자리를 잡은 같은 나이의 같은 식물 종인 느티나무들이 그렇게 서로 다른 처지가 되었을까? 삶의 형편을 나누는 그들의 운명은 어디서부터 시작되었을까? 그러나 지금은 시원스런 대답이 내게 없다. 이 시점에서 나는 내 눈에 들어온 현상에 대해서 한 마디 정도 보탤 만한 얘깃거리만 가지고 있다.

언제부터인가 한 나무는 햇빛을 독점하고 바닥의 풀들을 무시하기 시작했다. 그때부터 나무의 삶은 꼬이기 시작했다. 흙이 쓸려나가고, 영양소는 간직되지 않으니 삶은 고달팠다. 다른 나무는 키 작은 식물들과 햇빛을 나누어가지는 쪽이 되었다. 그리하여 풀이 땅을 덮어주는 덕분에 흙과 영양소도 뿌리 곁에 있었다. 그래서 나무도 풀도 비교적 싱싱한 삶을 꾸려갈 수 있었다. 그대, 어느 쪽으로 가고 싶은가?

아는가? 험한 시대를 헤쳐 온 사람들 모두의 마음이 꼬이는 것은 아니라는 사실을. 역경을 디디고 서서 아름답게 성장하는 사람들이 적지 않다는 사실을. 나는 상상해본다. 강신재의 숙희(글의 여주인공)가 안고 선 젊은 느티나무의 싱싱함은 바로 그런 선택의 길로 들어섰던 나무이리라. 아들이 늠름한 느티나무를 닮아가길 희망한다. 느티나무는 서울대학교의 교목이기도 한다.

전통마을 공간과 닮은 꼴 서울대 캠퍼스
관악산 계곡의 자하동 마을 흔적

　이 글을 쉽게 읽자면 서울대학교의 공간을 조금 아는 것이 좋다. 약간의 수고는 되겠지만 그럴만한 가치는 충분히 있다. 왜냐하면 서울대학교 관악캠퍼스는 전형적인 우리 전통마을의 공간 특성과 매우 닮았기 때문이다. 그래서 내용은 전통마을 공부의 입문이라 해도 된다. 대표적인 우리 고전인 이중환의 『택리지』를 이해하는 데도 도움이 될 터이다.

　우리 전통사회에서는 산줄기로 잘 에워싸여 있는 터에 잡은 도읍과 마을을 제일로 쳤다. 그런 터는 사실 땅이 튼실하게 이어져 있는 산줄기를 분수계로 삼는 유역을 말한다. 대표적인 보기가 조선의 수도 한성으로 그곳이 바로 청계천 유역이다. 전통사회의 시골 마을도 그렇게 한성을 닮으려 했다. 예전이나 지금이나 모두 서울을 닮으려고 하는 것은 이해가 된다. 시골 사람들에겐 서운하게 들리겠으나 누구나 잘 모를 때 서울 방식은 모방해도 좋을 만한 견본이 된다. 어느 나라나 수도는 당시에 얻을 수 있는 선진 정보를 먼저 축적해두고 있는 곳이기 때문이다.

　지금의 서울대학교 관악캠퍼스가 들어서기 전에 이곳에는 자하동이라는 조선시대의 마을이 있었다. 자하동 또한 산줄기로 잘 에워싸여진 유역 안에 있었던 셈이다. 가만히 보면 물이 빠져나가는 수구는 좁은 편이고, 그 안의 공간은 제법 넓다. 이 특성은 이중환이 살만한 땅이라는 뜻으로 썼던 가거지(家居地)의 가장 핵심 조건이다. 그래서 나는 옛 주민들이 수도였던 한성(漢城)의 지형을 좇아 자하동에 터를 잡았을 것으로 짐작한다. 따지고 보면 서울대학교도 그 조건을 따라 이곳으로 이전했다.

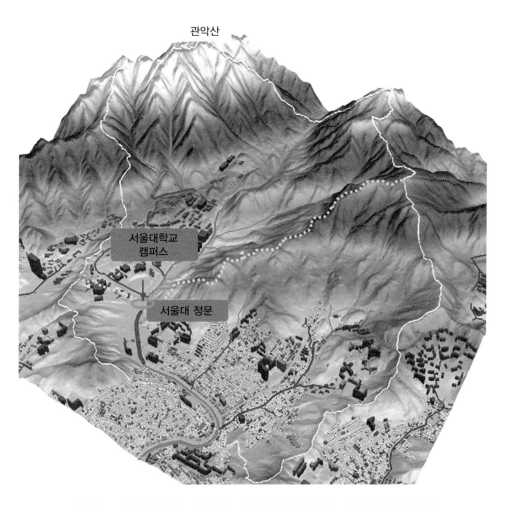

관악산

서울대학교
캠퍼스

서울대 정문

▲ 서울대학교 유역과 이웃한 땅. 노란 점선과 그 위쪽 흰 실선이 서울대학교 유역을 에워싸는 분수계다. 녹색 타원 표시(↓) 안에 서울대학교 정문이 있고 정문 옆으로 도림천이 흐른다. 그곳이 서울대학교 유역의 수구(水口)가 된다. ⓒ 이현정

2년의 버거운 보직생활이 끝날 무렵인 어느 날 문득 느긋함을 자아내는 내면의 변화를 느꼈다. 그동안 온몸을 지배하던 일들을 내려놓아도 되는 때가 가까워졌기 때문이다. 이제 삶의 한 굽이를 무사히 넘겼다는 일종의 안도감이 내 마음으로 찾아들어온 것이다.

어느 날 아침 출근길, 늘 학교의 정문으로 진입하는 버스 안에서 바라본 그곳 풍경이 예사롭지 않다는 생각이 들었다. 경비실 앞과 뒤쪽의 작은 언덕에 서있는 상수리나무들이 갑자기 새로운 모습으로 다가왔다. '상수리나무들은 아마도 서울대학교가 들어서기 전에 심었을 터인데 왜 지난 20년이 넘도록 전혀 눈치 채지 못했을까? 그렇다면 정문 양쪽의 작은 언덕은 자연의 산물일까? 아니면 옛 자하동 주민이나 서울대학교 신축공사 인부들이 흙을 쌓아 만든 것일까? 내가 보기엔 이것이 조산(造山)이겠구나.' 조선시대엔 동구(洞口, 水口와 같은 뜻)에 작은 둔덕 또는 무덤을 만들고 조산이라 불렀다. 전국에는 지금도 조산동이란 이름이 많이 남아 있고, 서울의 방산동은 조산동에서 1914년 이름을 바꾼 것이다. 모두 작은 흙무덤을 만들었던 데서 유래되었다.

불현듯 찾아온 의문을 풀어보기 위해 오래된 지도를 찾아봤다. 우선 1960년대 지형도를 하나 구해보니 갑작스럽게 떠올린 짐작이 조금씩 맞아들어 간다. 지도에서 지금 수의대와 언어교육원, 우정관, 경영대 앞 작은 언덕 숲, 미술관으로 이어지는 야트막한 산줄기가 정문 쪽으로 뻗어 있다. 그 산줄기 남쪽으로 마을 표시와 자하동이라는 지명이 보인다. 자하동의 북쪽은 지금의 대운동장 부근이 되겠는데 그곳으로부터 짧은 개울이 서북쪽으로 비스듬히 흐른다. 그 개울은 자하동 서쪽에서 흐르는 도림천과 마을 진입로(지금의 정문 앞) 가까이에서 만난다. 자하동 남쪽에서도 서북쪽으로 비스듬히 흐르는 개울이 있다. 이것은 관악산 계곡

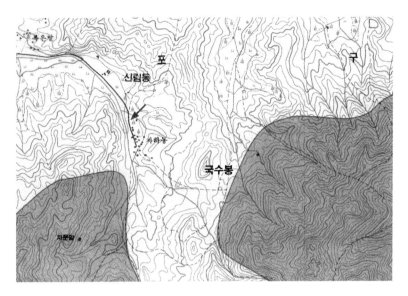

▲ 지금의 서울대학교가 자리를 잡은 자하동 부근 지형도. 오늘날의 서울대학교 정문이 있는 곳을 화살표(↓)로 표시해보았다(1960년대 후반 지도로 추측).

에서 시작하여 버들골과 자하연, 규장각 오른쪽 주차장 지역을 거쳐 도림천으로 합류하는 제법 긴 물길이다. 두 개울 모두 지금은 땅속에 묻혀 있다.

　그렇다면 자하동 마을은 지금의 서울대학교의 주진입로에 있는 교통통제소에서 후생관과 규장각으로 이어지는 순환도로 일부를 포함하는 지역일 것이다. 그러고 보니 서울대학교가 이전하기 전이었던 1972년 봄, 학생 신분으로 동원되어 캠퍼스 예정부지에서 나무를 심었던 때가 생각난다. 그 당시엔 지금의 규장각 구역에 몇 채의 초가가 있었다. 지금도 규장각 왼쪽 잔디밭에 서 있는 몇 그루의 감나무는 옛 자하동 어느 집 마당이나 뒤란 또는 가까운 밭에 있었던 것이겠다.

　다시 지도를 보면, 신림동 쪽에서 도림천을 따라 거슬러 올라오는 큰

길과 관악구청 쪽에서 고개를 넘어오는 좁은 길이 정문 부근 지천에서 만난다. 이곳은 아마도 현재의 정문 앞 버스 정류장에 해당하겠다. 이렇게 되면 자하동 북쪽에서 비스듬히 흐르는 짧은 지천이 도림천과 만나던 곳은 지금의 정문 북쪽 몇 발자국 뒤에 있는 배수구 부근이다. 옛사람들의 눈으로 보면 수의대에서 정문까지 흘러내리는 산줄기는 마을에 안정감을 주기에는 낮은 편이고, 자하동 수구는 허하다(비어 있다). 그곳에 마땅히 수구막이가 있어야 마을 사람들의 마음이 편했을 것이다(지도의 화살표 부분) - 전통마을에서는 넓은 수구를 가리려고 일부러 숲을 조성하고는 수구막이라 불렀다. 이제 지금 상수리나무들이 서 있는 정문 양쪽의 언덕과 정문 앞에 겨우 한 그루 남아 있는 소나무가 수구막이 형태의 전통 마을숲임에 틀림없다. 수구막이라 부른 이 숲은 다음 장에서 상세하게 설명할 것이다.

다행히 자하동 일대를 서울대학교 캠퍼스 부지로 정한 다음 공사를 시작했던 시절인 1968년에 찍은 사진을 몇 장 가지고 있다(64쪽 사진 참고). 사진에서는 대부분의 자하동 일대가 이미 골프장이 되었다(1960년대 박정희 전 대통령이 이곳에 골프를 치러 왔다가 서울대학교 자리를 잡았다는 일화가 있다). 멀리 보이는 봉천고개 오른쪽 산과 오늘날 기숙사 앞에 있는 산은 헐벗은 몰골을 드러내고 있다. 1960년 마을 가까이 있었던 우리네 산들은 거의 모두 그랬다. 이 무렵에 서울대학교 관악캠퍼스 공사가 시작되어 여기저기 땅이 파헤쳐져 있으니 이미 자연지형으로 보긴 어렵다. 당시 공사장 식당으로, 지금은 솔밭식당(2016년 12월 폐쇄)이라 불리는 상자 모양의 작은 건물은 사진에서도 뚜렷하다. 버들골 야외음악당으로 사용되던 공간에는 연못이 있었던 것을 알 수 있다.

다시 1968년 사진과 함께 1960년대 지도에서 정문 부근을 살펴봤다.

학교에서 바깥쪽으로 내다볼 때 정문의 오른쪽은 얕은 산줄기가 내려와 있다. 정문과 도림천 사이 구역은 평지다. 그렇다면 지금의 정문 경비실 뒤쪽이 도림천과 만나면서도 볼록한 것으로 봐서는 나무를 심기 전에 보토를 한 것으로 봐도 큰 무리가 없다(여기서 묘사한 곳은 서울대학교 정문 경비실 뒤쪽에 있던 작은 둔덕과 그 둔덕을 덮었던 상수리나무 숲이다. 둔덕은 2014년 지하 저류지 공사로 허물어진 다음 축소되었고, 상수리나무 숲도 다른 나무들로 대체되었다).

학교로 접근할 때 지금도 정문 앞 오른쪽엔 작은 웅덩이가 하나 있다. 이곳 바닥은 도로보다 제법 깊고 늘 말라 있지만 장마철엔 잠시 물이 고이곤 한다. 그러나 배수가 금방 되는데 이 현상은 거기가 자갈과 굵은 모래로 된 하천 바닥이었던 역사를 말한다. 주변 모양새와 지도의 물길을 고려하면 캠퍼스 조성시기에 정문 일대를 흙으로 채우면서 남긴 지천의 자투리 녹지였겠다. 그 웅덩이에는 2008년 초까지 두 그루의 늙은 소나무가 있었는데 이제 한 그루만 서 있다. 그렇게 된 사연은 앞에서 설명했다.

어느 날 우연히 학생 한 명이 탔던 택시의 운전기사가 1970년대 초까지 신림동에 살았던가 보다. 내 이야기를 기억했던 그는 이것저것 물어보고는 쓸모 있는 정보를 하나 얻어왔다. 적어도 50년 전에는 거기에 송림이 있었고 지천에서 가재랑 물고기를 잡기도 했다는 내용이다. 그렇다면 앞서 설명한 지천의 바닥에 있었던 숲이 이제는 한 그루 나무로 위축된 것이겠다. 이것으로 수구를 가리는 전통 마을숲이 있었다는 사실이 확실해진다.

서울대학교 국문학과 이종묵 교수가 자하 신위(申緯, 1769~1845)의 행적을 언급했던 사실이 기억났다. 그는 내게 서울대학교에 남아 있는 대표적인 연못인 자하연이 신위의 호와 관련이 있는 이름이라고 알려준 사람이기도 하다. 연락을 해봤더니 고맙게도 자신의 저서『조선의 문화공간』의 일부 원고를 금방 보내주었다. 그 내용을 정리해보면 다음과 같다.

지도의 자하동, 곧 서울대학교 관악캠퍼스는 사실 관악산을 중심으로 동서남북에 있던 4개의 자하동 중에서 북자하동이라 불리던 곳이다. 이곳은 임진왜란 때 충주 탄금대에서 배수진을 치고 북상하던 왜군에 맞섰다가 석패하여 강물에 투신했던 신립(申砬, 1546~1592)의 후손인 평산 신씨들이 살던 공간이다.

조선 후기 문장가 신위를 낳을 정도로 학식을 갖추었던 신립의 후손들은 자하동 북쪽 허한 지역을 수구막이로 비보하는 소견과 능력을 갖추었을 것이다. 지금의 관악산 등산로 입구를 거쳐 호수공원에 이르기 전, 서울대학교 자연과학대학 부근에서 도림천 건너편 기슭에도 어른 가슴 정도 높이에 흉참한 상처를 드러내며 서 있는 상수리나무 여러 그루가 있는데, 그 나무들 또한 자하동 사람들과 인연이 있을 것이다. 어쩌면 이 나무들이 생산한 도토리는 다람쥐와 어치 등의 산짐승들의 도움으로 뒷산을 계속 기어올라 뿌리를 내리고 계곡을 점령했으리라.

이제 몇 가지 사실이 궁금해진다. 첫째, 자하동 앞인 북쪽을 가로막으며 이어진 낮은 산줄기와 수구는 조선 후기에 어떤 모습이었을까? 당시 동민들에게 오늘날 수의대와 언어교육원, 우정관, 미술관들이 자리를 잡고 있는 야트막한 산줄기는 어떤 공간으로 인식되었고, 그곳에 숲이 인위적으로 조성되고 관리되었다면 마을에 어떤 생태계 서비스(자연이 제공하는 혜택)를 베풀었을까? 둘째, 정문 좌우의 둔덕은 자연적인 모습일까? 아니면 자하동민 또는 지명을 버린 후대의 사람들이 인위적으로 성토를 한 조산일까? 셋째, 정문 좌우 언덕과 도림천 호수공원 부근, 그 오른쪽 상류 계곡의 상수리나무 숲의 역사는 자하동 사람들의 삶과 어떤 관련이 있을까? 넷째, 서울대학교 행정관 앞 잔디밭 너머 버스정류장 부근의 북쪽 동산을 비롯하여 캠퍼스 곳곳에 남아 있는 작은 자투리 숲속엔 상수리나무들이 섞여 있는데, 이는 자하동 사람들의 삶에 어떤 역할을 했을까? 서울대학교 일대의 상수리나무 분포가 전통사회의 삶과 자연의 생태에 어떤 의미가 있었는지 묻는 것이다. 다섯째, 조선후기 경화사족들이 마을을 이루었던 경기지역의 상수리나무와 전통 마을숲 분포는 어떤 특징을 지니고 있었을까? 이 궁금증에 대한 답은 다음 장에 소개할 전통 마을숲의 생성에 작용한 당시 지식인들의 역할을 이해하는 데 도움이 되겠다. 여섯째, 자하동을 끼고 흐르던 옛 물길(지천)은 어떤 과정으로 사라졌을까? 복개되었다면 지금 땅속 어디선가 흐르고 있을 터이라 그 물길을 복원한다면 서울대학교 캠퍼스 환경에 어떤 의미를 가질까? 일곱째, 이러한 역사성이 서울대학교 캠퍼스 환경 조성에 어떻게 반영되는 것이 바람직할까?

　여기서 다룬 내용이 매우 서울대학교스럽다고 볼 수도 있겠으나 사실은 매우 보편적이다. 내게는 가까운 곳을 미루어 먼 곳을 이해하는 방편이다. 독자들에게는 다음 장을 이해하는 발판이 될 터이다.

일상에서 낯선 세계로 가는 생태학적 관찰
평범한 풍경에서 새로운 풍경을 발견하는 실마리

지금까지 주로 버스를 타고 출퇴근하며 만난 풍경을 소개했다. 관악구청 소나무와 디자인 거리의 조경, 거미와 매미에 연결된 다른 동물과 식물, 미생물의 관계, 토양과 풀, 느티나무에 얽힌 사연, 교정의 물길, 서울대학교 공간의 옛 흔적 뒤에 숨어 있는 사연이다. 일부는 달리는 말(走馬)이 아니라 달리는 차에서 내다보며 챙긴 단상을 근거로 하고 있다. 그러나 그 단상을 실마리로 현장을 다시 살펴본 다음 얻은 결과를 기술한 내용이다. 결국은 모두 걷는 행위가 곁들여지면서 정리된 셈이다.

출근길 생태학의 배경은 대부분 늘 만나는 평범한 풍경이지만 단초는 어느 날 문득 시작되었다. 그런 다음부터 대상을 눈여겨보고, 관련 자료를 검토하며 생각을 다듬는 시간을 충분히 가졌다. 그리하여 어느 정도 자신감을 얻었고 불합리한 요소들에 대한 개선을 제안해보기도 했다. 여러 곳에서 스스로 실증적 자료를 만들어보지 못한 아쉬움은 있지만, 최대한 나와 남의 연구결과를 끌어와 설명해보았다.

앞으로 소개할 내용은 하나를 제외하고는 모두 남의 나라 이야기다. 때로는 버스로 스치며 순간순간 찍은 스냅 사진이 이야기의 중심이 된다. 대부분 '어, 왜 저럴까?'하는 개인적인 궁금증에서 시작된 것이다. 그래서 독자들에게도 내게도 낯선 풍경이 많다. 그런 만큼 역시 가설적인 결론이 대부분이다.

출근길과 먼 길의 답사에서 엮은 이야기의 성격이 다르긴 하지만 모두 일상에서 갈고 닦은 궁리가 거름이 되어 나온 산물이다. 그 산물인 가설은 실증적 자료를 곁들이지 않으면 대개 학술논문으로 발표하지 못한다. 그래서 깊은 사유의 산물인 많은 가설이 학문세계에서 공유되지 못하고 영원히 사라지는 경우도 허다하다. 나는 오랫동안 잠들어 있던 혼자만의 사유를 어느 날 멋지게 꾸며진 남의 논문에서 읽은 적이 여러 번 있다. 그럴 때는 한동안 무척 우울하다. 실험을 제대로 할 수 없는 내 여건이 억울하기도 했다. 그래서 나는 내 가설적 생각을 기록으로 남겨놓아야겠다는 작정을 감히 하게 되었다. 앞으로 소개할 내용은 상당 부분 그런 형태의 기록이다. 글쓰기 과정에 내 스스로의 사유도 깊어졌으니 글을 읽는 사람들의 궁리에도 실마리가 되면 좋겠다.

03

지리산에 기댄 남원 마을숲

뒷산과 마을숲의 생태학

남원

백련산

회문산

순 창 군

사율리

대신리

길곡리 왈길마을

옥전마을

남계리

신기리

화수리
전촌마을

구인월마을

행정마을

삼산마을

남 원 시

서매리 서촌마을

송내리

유암리

동악산 곡 성 군

3일간 답사한 남원의 마을

첫째 날 ➞ 구인월마을 〉신기리 〉행정마을 〉삼산마을

둘째 날 ➞ 남계리 〉대신리 〉길곡리 왈길마을 〉옥전마을

셋째 날 ➞ 송내리 〉유암리 〉서매리 서촌마을

학생들과 다양한 지기들이 동참하며 모처럼 벅찰 정도로 큰 규모의 답사가 되었다. 답사에 대한 의논은 풍수 전문가인 경상대학교 최원석 교수가 연구한 지역의 마을들을 내게 소개한 인연으로 시작되었다. 일정에는 서울을 떠나 지리산 서남쪽 지역에 남아 있는 몇 개의 마을들을 살펴보는 과정이 포함되었다. 여기서는 답사 초기에 비교적 충실하게 살폈던 남원의 전통 마을숲들과 해산 장소가 되었던 경상남도 산청군 단성면 사월리 배양마을을 소개한다.

황산대첩의 전설을 품은 마을
마을 이름에서 전해지는 역사

첫 방문지는 전라북도 남원시 인월면 인월리다. 여러 자연마을이 합쳐진 행정구역인 인월리에서 우리가 방문한 곳은 구인월마을이다. 입구엔 돌을 세워 마을 이름의 유래를 적어놓았다.

"고려 우왕 6년(1380년) 9월 삼도절도사 이성계가 인월 인근에 진을 치고 황산 인근에 본거지를 둔 왜장 아지발도가 이끄는 적과 맞섰다. 날이 어두운 중에 적의 동정을 탐지하기 위해 이성계가 하늘을 우러러 달이 뜨기를 빌었다. 그러자 동쪽에서 밝은 달이 떠올라 아지발도의 목을 쏠 수 있었다."

이성계의 대승을 기려 끌 인(引) 자와 달 월(月) 자를 써서 인월이라 부르는 마을이 생긴 사연이다.

그것을 보자 아주 오래전에 읽었던 글이 생각났다. 초등학교 어느 학기 말 하굣길, 학교에서 받은 '방학생활' 노트에 있던 내용이 워낙 흥미로워 혼자 걸으며 읽던 그 순간의 장면과 주변 풍경이 지금도 선명하다. 그

글에서 왜장의 이름은 아기바투였다. 스무 살이 채 안 된 아기바투는 무술이 출중하여 이성계의 병졸들이 쏘아대는 화살을 모두 창으로 툭툭 쳐내버렸다. 이성계는 싸움에 이기기 위해 적장을 죽이는 것이 최선이라 판단했다. 그는 여진족 의형제 퉁두란(나중에 이지란으로 개명)과 의논하여 자신의 자랑스러운 활 솜씨로 아기바투를 물리치기로 했다. 약속한 대로 퉁두란이 적장의 투구 끈을 맞추었다. 신기에 가까운 활 솜씨에 허를 찔린 아기바투는 깜짝 놀라 입을 크게 벌렸다. 그 순간 이성계가 화살을 목구멍으로 쏘아 넣었다. 그때부터 존경할 만한 무술을 지닌 어린 적장의 이름을 기려 어린애를 아기라고 했다.

그런 일화를 남기며 승리를 얻은 싸움이 이제 황산대첩인 줄 알겠다. 내가 읽은 글에서는 그런 아기바투를 물리친 이야기에 초점을 맞추고 달을 끌어온 내력에 대해서는 언급하지 않았는데 새로운 사실을 하나 더 알게 된 셈이다. 인월이라는 지명이 기록으로 분명하게 남아 있으니 이것은 사실에 가깝지만 내가 읽은 아기라는 단어의 유래는 그저 후세 사람이 지어낸 이야기일지도 모른다. 자료에 따라 적장의 나이가 열대여섯(김하돈, 2002) 또는 열여덟 살, 이름은 아기바투(阿基拔都, 아기발도) 또는 아지발도(阿只拔都)로 소개되어 있어 이번 답사로 궁금증을 오히려 키운다. 바투가 몽골어로 영웅이라는 뜻인 줄은 나중에 알았다. 그 시절 고려인들은 거의 100년 가까이 몽골의 지배를 받았던 뒤라 몽골의 단어들을 흔히 썼던 성싶다. 나중에 나는 이 주제를 강의에서 소개했고, 수강생이던 박소희는 따로 남원을 다녀와서는 다음과 같은 이야기를 전해주었다.

"구인월마을뿐만 아니라 가까운 내인마을과 전촌마을 등에서도 황산대첩과 아기발도 전설이 유명했습니다. 내인마을이 속하는 인풍리는 끝 인

(引) 자에 바람 풍(風) 자를 쓰는데, 바람을 끌어들인다는 뜻이라고 합니다. 인월리가 달을 끌어들이는 마을이라는 것과 같은 맥락입니다. 인월리와 인풍리 등에서 들은 아기발도 전설은 교수님의 강의자료에 있던 내용과 거의 똑같았습니다. 그런데 인풍리에서는 완전히 무장한 아기발도가 바람이 너무 세게 불어서 놀라 입을 벌렸을 때 이성계가 목구멍에 활을 쐈다고 전해집니다. 그리고 인월리 가까이 람천에는 아기발도가 화살을 맞고 떨어져 죽었다는 '피바위'가 있는데, 신기하게도 현재까지 그 바위 색깔이 붉은색이라고 합니다. 황산 주변에 살고 있는 마을 사람들은 모두 황산대첩을 승리로 이끈 이 전설을 자랑스럽게 여기며 마을의 역사로서 큰 의미를 두고 있는 것 같습니다."

▲ 황산대첩비가 있는 어휘각(남원 운봉읍)

거미 형국 마을의 수구막이 숲
마을숲이 만들어진 저마다의 내력

구인월마을의 수구막이는 금방 알아보겠다. 그러나 비탈에 자리 잡은 마을 앞을 가리는 숲인데 이제는 세력이 한풀 꺾인 게 분명하다. 마을로 접근하면서 볼 때 왼쪽 부분에만 겨우 숲이 조금 남아 있다. 한때의 위용이 대략 반으로 줄어든 셈이다. 눈에 들어오는 나무는 느티나무와 개서어나무, 소나무, 참느릅나무 등이다. 오른쪽 부분 뒤로는 논과 마을이 훤하게 드러났고, 미루나무 두 그루가 서서 옛사람의 마음을 넌지시 말해주고 있다. 이전에도 또한 지금 남아 있는 수종의 나무들이 있었을 터이다. 역시 나중에 만난 한 주민은 늙어 쓰러진 노거수 대신에 미루나무를 심었다고 말했다. 자리를 물려받은 미루나무조차 무척 초라한 몰골이라 보는 이의 마음이 스산하다.

빠져나가는 물길은 마을 규모에 비해서는 제법 넓다. 그러나 안에서 흘러내리는 수로는 콘크리트로 덮여 있다. 사람의 길을 넓히기 위해 물의 길을 덮는 복개는 이 나라 어디서나 만날 수 있다. 그것을 막을 대안을 여태껏 제시하지 못하고 있어 안타깝다.

자연스럽게 우리는 잠시 흩어져 저마다의 눈으로 마을숲과 주변 경관을 살핀다. 잠시 후 뜻밖에도 우리의 일행인 이호신 화백이 트럭에서 내린다. 그 사이에 주민을 섭외하여 이장을 찾아가기로 했단다. 오래된 마을을 방문하고 그림을 그리며 익힌 섭외 능력은 익히 알던 바이나 내가 예상했던 것보다 훨씬 재빠르다. 트럭을 앞세우고 우리는 곧장 이장 집으로 발걸음을 옮겼다.

▲ 마을 앞 들판에서 바라본 구인월마을 풍경. 한때 마을 전체를 가리는 숲이 있었을 것으로 추측되지만 이제는 마을 앞에서 볼 때 동구의 왼쪽 부분에 조금 남아 있다.

이장 집 옥상은 마을 입구를 조망하기 더없이 좋은 자리다. 역시 현장은 현지인의 이야기를 통해서 가장 잘 알 수 있다. 마을 지형은 거미 형국이다. 거미는 거미줄을 칠 지지대가 필요한 법이다. 전통 마을숲은 거미줄을 맬 근거로 만들어졌다. 어떤 근거로 지형을 거미의 모습에 비유했을까? 이리저리 거미 다리처럼 여러 갈래로 나뉜 산자락과 물길, 이 현상은 먼 옛날 뒷산이 침식되며 생겼으리라. 보기에 어수선하기조차 한 이런 지형은 한때 벌거숭이 산이었던 이력을 말한다.

우리의 전통 마을숲들이 생겨난 내력을 들어보면 대체로 이런 식이다. 마을 지형은 곡식을 까불던 키 모양이고, 키의 앞부분에는 알곡이 빠져나가지 못하도록 가로대가 있다. 마을의 알곡, 곧 복이 빠져나가지 않도록 하려면 가로대에 해당하는 숲이 있어야 한다. 또는 마을의 수구가 너무 벌어져 있어 보기가 흉하다. 뒷산이 여자가 가랑이(선정적이라 주저되지만 시골에서 늘 들었던 표현이라 현장감을 살리기 위해 쓴다)를 벌리고 있는 형국이라 과부와 바람난 여자가 많이 생긴다. 그래서 마을 앞을 숲으로 가렸다.

오늘날의 잣대로 보면 터무니없는 이야기다. 그럼에도 불구하고 현대 과학이 알려지기 오래전부터 전통 마을숲이 수백 년 동안 유지되었으니 당시에는 설득력을 얻었다는 뜻이다. 그래서 나는 그 무렵 이런 식의 이야기는 여러 사람의 공감대를 얻어내는 한 가지 방식이었다고 본다. 그런 과정으로 주민들의 마음을 움직여 나무를 심고 가꾸는 역사를 이루었을 터이다. 문제는 불과 수십 년 전 개발 시대와 함께 이 땅에서 이야기의 힘이 한풀 꺾인 현실이다. 그리고 전국의 전통 마을숲들은 수모를 겪었다. 과학적 원리마저 사라져가는 모습이 애석하다.

버려진 우물, 말라버린 우물
물을 다스리는 방식이 우물물을 메마르게 한다

  이장 집에서 내려오는 길에 마을 공동우물에 잠시 눈이 머문다. 세 개의 우물을 둘러보았는데 모두 방치되었다. 상수도 시설이 보급되며 쓸모가 없어진 것이다. 그나마 내가 다녀본 여러 마을의 실상과 달리 아직 넉넉한 물이 신기하다. 시골에 가면 오래된 우물들에 관심을 가지고 살펴보는데 대부분 말라버렸다. 이곳과 멀지 않은 전라북도 정읍의 김동수 고택과 전라남도 구례의 운조루와 순천의 낙안읍성, 경상북도 의성의 만취당, 경상남도 함안의 정여창 고택과 고성에 있는 고향마을 등의 우물이 말랐다. 비가 많이 내린 다음에야 잠깐 우물 바닥으로 물이 솟아났다가 사라진다.

  사람들의 지하수 소비량은 늘어났는데 땅속으로 들어가는 물은 오히려 줄었기 때문이다. 지금의 우리네 물 관리는 저수지를 만들어 겨울엔 물을 가두고, 농수로에 콘크리트를 깔아 물이 땅속으로 스며들지 못하게 막는 방식을 따른다. 더구나 물이 흐르는 하천은 직강화시켜 물이 닿는 땅 면적은 줄고 흐르는 속도를 빠르게 한다. 이런 수로 관리로 물이 땅속으로 들어가는 양이 점점 줄어들고 있다. 구인월마을은 그나마 땅속으로 물을 공급하는 뒷산이 넓어 아직 우물이 바짝 마를 지경에 이르지 않았으니 다행이다. 상수도에 밀린 듯 더 이상 사람들이 사용하지 않아 지저분해진 몰골이 을씨년스럽기는 하지만……

  허허로운 들판을 가로질러 구인월마을과 주변을 살피다 보니 어느새 점심시간이다. 화가는 인월리에 있는 비빔밥 뷔페식당으로 우리를 이끌

▲▼ 운봉읍 구인월 마을의 버려진 우물

었다. 사실 이 화백은 남원시청의 의뢰로 남원의 마을 그림을 그린 전력이 있다. 식당으로 가는 길에 20명 남짓의 40~50대 남녀를 여럿 만났다. 그들은 모두 등산복 차림으로 들길을 걷고 있다. 대략 지리산 둘레길을 찾은 사람인 줄 알겠다. 농촌 가을 풍경을 즐길 수 있는 둘레길의 힘이 느껴진다. 식당의 음식은 넉넉하고 맛도 좋다. 아마도 둘레길 바람이 불며 지역의 음식점이 신이 난 듯하다. 오늘은 밝은 부분만 만났지만 둘레길의 음지와 양지도 언젠가 눈여겨봐야 할 대상이겠다.

배를 채운 우리는 다음 행선지 행정리로 이동하기로 했다. 그런데 선도하던 차량이 예상지역을 벗어나고 있다. 잠시 어리둥절하는 사이 나는 의도를 읽어낼 수가 있다. 가까운 곳에 뻔히 보이는 황산대첩비지가 있다. 이미 인월리에서 이성계의 사연을 익혔으니 그곳을 그냥 지나칠 수는 없는 일이다. 더구나 황산대첩비지로 진입하는 길을 따라 가로수처럼 서 있는 마을숲을 지나야 한다. 운봉읍 화수리 전촌마을숲이다. 선도차량의 운전자와 나는 5년 전 우연히 그 숲을 본 적이 있다.

그런데 마을숲은 뒷전에 두고 곧장 앞에 보이는 다리를 건너간 선도차량은 가왕 송흥록과 국창 박초월의 생가 앞에 선다. 운봉읍 화수리 비전마을이다. 안내판에는 열 가구의 민가를 이전하고 2000년에 생가를 복원했다고 밝혀놓았다. 거기까지는 좋은데 한때 물을 긷던 우물은 돌멩이로 채워 물은 보이지 않는다. 우물은 가왕의 유허를 챙기는 데 쓸모없는 존재란 말인가? 아니면 하천이 지척에 있는 우물이 설마 말라버려 저렇게 방치된 것일까? 확인해봐야 하리라.

축대와 바닥에 얹힌 초록빛은 어찌 보면 반달 모양이다. 버림받은 우물의 이끼 분포는 우물 안의 습기를 반영하는 그림이겠다. 비교적 깔끔한 돌멩이들이 있는 부위는 햇볕을 잘 받아 마른 것이리라. 그렇다면 이끼가 없는 쪽이 북쪽이겠다.

황산대첩 전승비는 반달형의 자그마한 동산에 푸근하게 싸여 있다. 그 동산의 이름은 화수산이다. 내 눈에는 화수산이 그 동쪽에 있는 비전마을의 마을숲으로 보인다. 들판에 놓인 마을은 평지에 돌출한 그 산에 기대어 겨울에는 세찬 서풍을 피하는 것이다. 평지에 돌출한 마을숲은 보통 금강과 한강 하구에서 제법 나타난다. 한때 바닷물이 드나들던 하구 또는 물이 질척이던 습지의 섬이었으나 사람들이 주변을 매립하고 옛 섬에 기대어 집을 짓는 방식으로 산다. 금강 하류인 충청남도 서천군 서초면 선암리의 신들매 또는 신틀매(갯가에 조개를 줍던 사람들이 신을 틀던 곳이란 유래와 옛날 마을 앞까지 바다였을때 뱃사람들이 신발에 묻은 흙을 털어서 쌓여 섬이 생겼다는 이름의 유래가 전한다)와 한강 하류인

운봉읍 화수리 비전마을 송흥록 생가의 우물

경기도 고양시 법곳동의 노루뫼가 그랬다. 물길 가까이 있는 저지대인 만큼 큰 비가 내려 급작스럽게 물이 불어날 때면 뒷동산은 물을 피하던 피수대(避水帶) 구실을 하기도 했다. 경기도 하남시 토평리에 있는 피수대는 이와 비슷한 성격을 지녔던 전통 마을숲의 한 형태다. 경상남도 창녕군 남지읍에도 형세가 줄어들었긴 해도 피수대가 낙동강이 흐르던 지역의 둑이 없던 곳에 남아 있다는데 아직 가보질 못했다.

황산대첩비지에서 전촌마을 쪽으로 다리를 건넌 내 발길은 강둑에서 오른쪽으로 꺾인다. 잠시 나는 억새풀 바람에 나풀거리는 둑길을 따라 햇살에 잔잔하게 반짝이는 물결을 즐기는 여유를 가져보기로 한다. 그곳에선 멀리 보이는 전망이 시원하다. 황산대첩비지와 전촌마을숲, 그 뒤로 솟아 있는 황산이 한눈에 들어온다.

덕분에 나는 황산대첩비지 북쪽의 먼 풍경도 바라볼 기회를 얻었다. 나란히 내려오는 고만고만한 높이의 산줄기 세 개 사이에 낀 두 구역이 눈에 들어온다. 가까운 부분에는 제법 마을을 이루었는지 앞쪽으로 몇 채의 집들이 살짝 보인다. 지도를 찾아보니 그 마을은 아름다운 산이라는 뜻을 지닌 가산리(佳山里)다. 뒷산의 이름 또한 가산이다. 가운데 산줄기엔 소나무 숲 키를 훌쩍 넘어선 갈잎나무 한두 그루가 가을의 정취를 한껏 뽐내고 있다. 어설픈 내 안목에도 저곳은 이웃마을로 넘어가는 고개겠다. 마을의 주진입로인 동구와 함께 바로 그곳은 또 다른 나들목이라는 사실을 풍경은 주장하고 있다. 재 너머 마을과 소통을 하자면 둘러가는 동구 길보다는 낮은 고개를 넘는 것이 당연히 수월하다. 흔히 그런 고개에는 마을을 벗어나고 들어오는 길목임을 알리는 상징이 있기 마련이다. 갈잎나무는 그렇게 상록의 숲속에 자리 잡고 그곳이 주민들의 몸과 마음이 자주 스쳐 가는 곳임을 넌지시 알리는 것이다. 멀리 바라보

▲ 강둑에서 바라본 전촌마을숲. 마을은 숲 뒤에 있다.
▼ 황산대첩비지를 감싸고 있는 화수산과 오른쪽 멀리 보이는 황산. 다리 왼쪽에 비전마을이, 오른쪽에 전촌마을이 있다

는 내게 가산리의 가을 정취는 그런 사연을 말하고 있다. 그러나 언제나 예외가 있는 만큼 현장을 확인하기 전에 단정하는 것은 금물이다.

　동구를 가리는 숲에 한동안 매여 있던 내 마음이 고갯마루 쪽으로 나뉘기 시작한 것은 근래의 일이다. 그것은 몽골에서 마을을 벗어나는 고갯길에 어김없이 나타나는 오보(ovoo, 돌무더기에 막대가 꽂힌 형태)를 마주치며 일으킨 관심이기도 하다(『관경하다』의 몽골 답사기 참고). 옛사람들에게 마을을 벗어나는 지점이 특별한 의미가 있었겠다는 생각을 한다. 길을 떠날 때는 마을 경계에 서서 마음을 다독거릴 시간을 가졌으리라. 동구와 고갯마루는 외지와 소통하는 경계의 한 지점인 것이다. 어린 시절 나는 남의 동네에 갈 때는 잔뜩 긴장하곤 했다.

풍경 속에 담긴 지형학
지형과 남은 모습으로 마을숲의 옛 꼴을 그리다

답사를 다니며 지형학자와 여러 번 동행했던 덕분에 땅에 대한 안목이 제법 달라졌다. 전문가인 양 할 수는 없어도 허심탄회하게 얘기를 받아주는 지형학자에게 이런저런 질문을 할 정도는 된다. 고만고만한 높은 봉우리와 그 아래로 이어지는 고만고만한 낮은 봉우리의 능선은 어떻게 생겨났는가? 뒷산줄기는 아주 먼 옛날 넓은 평지였고, 그 평지는 빗물에 깎여 나가면서 봉우리로 남았다. 그래서 같은 시기에 이어진 평지였던 봉우리 끝부분(대체로 비바람에 의한 완강히 침식에 저항한 곳)들은 대략 같은 고도가 된다. 지형학에서 봉고동일성(峰高同一性)이라 부르는 현상이다. 깎여서 흘러내린 흙은 더 낮은 곳에 쌓여 평지를 이룬 것이다. 그 평지도 다시 긴 세월을 거치며 땅 아래의 지질작용으로 솟아오르고(융기하고) 비바람에 침식되면 높은 곳과 낮은 곳으로 나뉜다. 그리하여 오늘날의 사람들은 비슷한 높이의 낮은 봉우리나 산줄기를 곳곳에서 만나게 된다. 가산리 마을을 왼쪽과 오른쪽에서 에우는 산줄기는 흔히 풍수에서 말하는 마을의 좌청룡 우백호. 이 산줄기는 아주 먼 옛날 평지로 이어져 있던 가운데 부분이 깎여나가며 남게 된 것이다. 깎여나가 생긴 평지에 지금은 하나의 마을이 자리 잡았다.

그런 시각으로 땅을 보면 마을 오른쪽 능선에 있는 고개는 어떤 사연으로 생겼을까? 산줄기의 다른 부분보다 상대적으로 빠르게 침식된 부위일 터이다. 그 고개 양쪽으로는 대개 작은 물길이 생기고 침식이 빨리 진행되어 계곡이 된다. 이제 산에 내린 비는 계곡으로 모여 아랫마을과 농

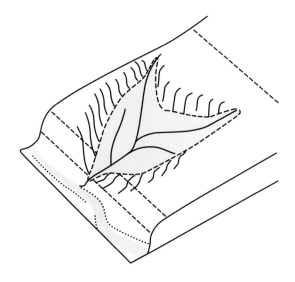

▲ 물길과 평지, 그곳을 에워싸는 산줄기의 높이가 비슷해지는 현상을 보여주는 그림 ⓒ 박수진(이도원, 2012)

경지로 흘러간다. 그리하여 사람들이 고개를 넘자면 대부분 계곡을 따라 걷게 된다. 그 고갯마루는 덕분에 사람의 눈길과 마음이 자주 머무는 곳이라 주변과 구별되는 꾸밈이 있다. 여기서 꾸밈이란 나무를 심거나 정비작업을 하거나 돌무더기를 만드는 행위를 말한다. 그래서 근대화 이전에 고갯마루에는 큰 나무나 성황당, 장승, 돌무덤이 있었다. 꾸며진 공간은 고개를 넘는 사람에게 쉼터일 수도 있고, 남의 마을로 가기 전에 마음을 다잡는(또는 소원을 비는) 특별한 장소일 수도 있다. 그런 만큼 사람의 사연이 피어난 곳이라 내 마음엔 인문학자의 고개 이야기를 듣고 싶은 욕망이 자라고 있다. 고개의 자연과 사람의 이야기를 이어보는 융합을 내 다음 단계의 공부로 삼으리라.

홀로된 시간이 제법 흘렀다. 마을숲에서 서성이는 일행과 합류하자면 발길의 방향을 다시 잡아야 하겠다. 나는 들판 길을 가로질러 거리를 좁혀간다. 마을숲이 이어지는 찻길에 이르자면 논과 밭 사이에 있는 농로로 올라서야 한다. 농로와 찻길 사이 작은 밭뙈기가 놓인 공간은 아주 야트막한 언덕이다. 중학교 지리시간에 배웠던 하안단구 지형인가 보다. 그 하안단구 넓은 계단 하나에 줄지어 서 있는 전촌마을의 전통 마을숲은 작은 찻길을 따라 마을로 이어진다. 나는 대략 지금의 지형과 마을숲의 형태로써 옛 모습을 가늠해본다. '먼 옛날 한때 물길은 지금 차도와 마을숲이 이어져 있는 언덕 옆으로 흐르는 시절이 있지 않았을까?' 어쩌면 이성계가 활동하던 시절엔 황산대첩비지와 이 마을숲이 늘어서 있는 차도 사이 일대를 낮은 물길과 습지가 온통 점령하고 있었을 듯하다. 그 넓던 물길(하천 이름은 람천이다)은 점점 들판 저쪽으로 스스로 물러났거나 사람들이 농토를 넓혀가며 둑 사이에 가두었겠다. 그러면 마을숲은 언제쯤 만들어졌을까? 허허벌판에 들어선 전촌마을의 황량한 기운을 줄이자면 바람막이가 필요했을 터이다. 그렇다면 마을숲은 전촌마을과 때를 같이하며 생겼으리라. 어쩌면 마을숲은 황산대첩비지로 넘어가는 다리 부근까지 이어져 있었을 가능성도 있다. 나는 현장에서 잠시 학교로 돌아가 해야 할 숙제를 생각한다. '이런 상상의 현실성은 우선 일제 때 만들어진 지형도를 한번 검토해보면 어느 정도 가늠이 되겠는데…….' 나중에 1919년 발간된 지형도를 찾아보니 짐작한 하안단구는 분명한데 내가 오래전에 강 구역이었을 것으로 추정하는 부분은 논으로 표시되어 있다. 지도 제작 이전에 하천 구역 일부를 이미 논으로 바꾸었다는 뜻이다.

▲ 마을 진입로의 차도에 서서 바라본 왼쪽의 황산대첩비지와 오른쪽의 전촌마을숲. 그 사이로 흐르는 하천이 먼 옛날에는 지금 낮은 논이 된 지역을 누비며 전촌마을숲이 있는 하안단구 아래로 에둘러 가기도 했을 것으로 짐작한다.
▼ 전촌마을숲과 그 사이를 통과하는 길

지형과 물길이 낳은 마을숲
마을숲에 숨어 있는 과학적 의미들

다음 목적지로 이동하는 차 안에서 내 눈은 오른쪽으로 저 멀리 보이는 풍경에 멎는다. 마을 뒤쪽으로 길게 뻗은 야트막한 언덕 숲이 느슨하지만 마을을 감싸고 있다. 가을 단풍이 한창인 언덕은 사람의 애정을 듬뿍 받은 모양새다. 나는 차를 세우고 먼 풍경을 찬찬히 살핀다. 낮은 산에 기대는 마을을 스칠 때면 늘 이렇게 마음이 쓰인다. 우리네 마을에서 뒷산의 숲을 특별히 챙기는 것은 흔한 일이다. 그러기에 우리네 조상들이 즐겨 찾는 주거는 배산임수라고 했다. 자동차 내비게이터는 내가 본 마을이 신기리(新基里)라고 알려준다. '신기리라. 새터라는 뜻인데…….' 일찍이 새터라고 불리던 마을은 일대에서 비교적 늦게 들어선 곳에 붙여진 이름이다. 1914년 일제가 우리 고유의 지명들을 제멋대로 한자 이름으로 바꿀 때 신기라고 고쳤다. 인터넷을 검색해보면 우리나라엔 신기리라는 곳이 아주 많은데 대략 그런 사연을 안고 있는 곳들이다. '지역에 따라 새터 마을 또는 신기리라는 이름의 시작 시기를 알아낼 수 있다면 이 땅에 인구가 늘어나고 분포하던 역사와 거기에 얽힌 이야기도 조금은 알아낼 수 있지 않을까?'

나중에 알아보니 역시 신기리 뒷산은 마을 사람들의 애정이 듬뿍 담긴 공간이다. 느티나무와 팽나무, 서어나무를 심어 잘 가꾼 전형적인 전통 마을숲이다. 주민들은 주산인 뒷산 언덕을 소가 누워 있는 형국으로 본다. 그리고 마을 왼쪽 앞에 있는 아주 작은 둔덕을 가꾸어 초봉(소꼴)이라 부른다 – 원래 이곳에 거북 모양의 바위가 있어 귀암이라 부르다가 언제부터인가 이름을 바꾸었다(이 정보를 제공한 남원시청의 김철성 씨는 뒷산이 와우형이라 그렇게 된 것으로 짐작했다). 소꼴을 앞에 둔 소의 넉넉한 마음을 닮고 싶은 마음의 표현이다.

마을 왼쪽을 흐르는 람천(신기리는 비전마을보다 람천의 상류지역에 있다)을 따라 서 있던 150m가량의 숲은 정성스러운 옛사람들의 마음이 바래지면서 지금의 풍경에서는 사라졌다. 아마도 숲은 사진에서 보이는 몇 개의 전봇대 뒤로 길게 그어진 강둑 저쪽으로 있었으리라. 그 숲이 온전했다면 바삐 가던 나그네가 먼발치에서 마을을 통째로 바라보지는 못했을 것이다. 오히려 숲으로 포근하게 감싸진 옛 마을 풍경을 은근한 눈으로 바라보지 못하는 마음이 아쉽다.

다음 행선지는 행정리다. 주택가에서 마을숲으로 이르는 접근로가 좋

▲ 신기리 뒷산

지 않다. 길을 잘못 들어 돌담길 사이를 이리저리 헤맨다. 덕분에 마을 유래를 잘 아는 주민(조윤근 옹, 73세)을 만나 잠시 이야기 나눌 기회를 얻었다. 마을의 형국은 행주형(배 모양 지형)이다. 배에 구멍을 뚫으면 가라앉는다고 믿어 우물을 파지 못하게 했다. 또한 너무 많은 짐을 실으면 침수된다는 이유로 마을의 규모를 제한했다.

마을을 찾아다니면 이와 비슷한 내용을 흔히 듣는다. 경상북도 안동의 하회마을이 그렇다. 지금은 가보기 어려운 평양도 행주형이다. 1894년 2월부터 1897년까지 우리나라를 네 차례 방문했던 영국의 지리학자 이사벨라 버드 비숍(Isabella Bird Bishop)은 『한국과 그 이웃나라들(Korea and Her Neighbours)』에서 찾아간 대동문 부근의 길이 물로 질척거린 사연을 기술했다.

"하루 종일 물지게를 진 사람들로 북적댄 대동문 일대는 물바다였다."

행주형이라는 이유로 우물을 파지 못한 평양 사람들은 그때까지 대동 강 물을 길어 먹으며 살았던 것이다.

겉으로 드러난 이 이야기 내용은 역시 미신에 가깝다. 그러나 그런 땅에는 아마도 위생적인 이유로 우물물을 먹기 어렵고, 땅의 제한된 생산성으로 많은 주민을 먹여 살리기도 고달팠던 사정이 있었을 것이다. 지형과 토양을 살펴 그 이야기 안에 든 과학적 속내를 밝히는 일은 현대과학의 은혜를 입은 사람들의 몫이다. 그러기 위해서는 땅과 옛사람들의 사연을 면밀하게 살펴야 한다. 지금 나의 수준은 아직 엄밀하지 못하고 대략의 가능성을 말하는 정도다.

행정리 지형에서 마을이 자리 잡은 곳은 두 지류가 만나는 부근의 땅이다. 강 가운데 퇴적된 땅이라 지하수위는 높은 편일 터이다. 그런 여건이니 쌓인 자갈과 모래는 성기고, 열악한 옛 뒷간에서는 오물도 쉽게 지하로 스며 나와 우물은 감염될 위험에 노출되지 않았을까? 또한 두 물길에 갇힌 좁은 땅에서는 큰 마을을 이루기도 쉽지 않았으리라. 나는 미신의 속내를 대략 이렇게 추측해본다.

배를 붙들어 맬 고정대로 만든 개서어나무 마을숲은 대략 200평 정도의 규모다. 최원석 교수는 나중에 그의 책 『우리 산의 인문학』에 이런 이야기를 남겼다.

"180년 전 마을이 들어선 지 얼마 후 지나가던 스님이 허한 북쪽에 돌을 쌓거나 나무를 심으라고 했다. 마을에 환자가 발생하고 수해를 입는 일이 잦아지면서 주민들은 숲을 만들었다."

실제로 그 숲이 차가운 겨울 북풍을 막는 것은 당연하고, 모르긴 해도 터진 곳을 거쳐 들어오는 공기에 미세먼지나 세균도 있을 수 있으니 그것들을 막아내는 실질적인 효과도 있었을 터이다. 옛사람들은 그 효과를 통틀어 사기(邪氣)를 막는다고 했다.

박찬열 박사는 이곳에서 멧비둘기와 방울새, 청딱따구리, 오색딱따구리, 박새를 확인했다. 그곳은 뭇 생명을 키우고, 그 생명을 탐내는 맹금류들도 들러 가는 공간이리라. 숲 바닥엔 평상도 놓였고, 큰 나무 가지에는 그네도 달렸다. 사람들이 마을숲의 생태계 서비스를 즐겨 활용하는 곳인 줄도 알겠다.

그렇게 살필 만큼 살피고 다시 지나쳤던 마을 입구로 왔다. 행정리로 가기 전에 건넜던 다리 뒤쪽의 솔숲이 비로소 눈에 들어온다. 내 발걸음은 자연스럽게 다리를 도로 건넌다. 그곳은 삼산이라는 마을이다. 풍경과 경험을 엮어 마을의 역사를 마음속으로 그려본다. 마을의 위쪽에 꽤 넓게 꾸며진 솔밭공원이 하천에 닿아 있다. 지금은 옹벽으로 하천과 차단되어 있지만 마을이 들어서던 무렵에는 솔숲 자락이 애매했겠다. 가

▲ 행정리 마을에서 북쪽으로 바라본 개서어나무 마을숲
▼ 행정리 돌담. 이 모나지 않은 돌들은 한때 물살에 깎인 흔적을 지녀 주변이 강의 영역으로 돌투성이
모래땅인 사실을 드러내고 있다.

▲ 행정리 북서쪽에서 바라본 마을숲과 마을 전경
▼ 삼산마을 위쪽 하천가에 닿아 있는 솔밭공원

물 때는 땅이고 물이 넘치면 하천의 일부가 되기도 했으리라. 마을을 관통하는 차도 옆으로 굵은 소나무들이 줄지어 서 있다. 한때 그 숲띠를 따라 물길이 지나던 시절이 있었을 터이다. 아마도 자연스럽던 물가의 송림 옆으로 집들이 하나씩 들어섰고, 드디어 자그마하던 마을길은 차량들이 지나다니는 길로 바뀌었겠다.

솔밭공원을 이웃한 운봉목공예공방에서 마침 주민 한 사람 나온다.

"삼산이 어디 있어요?"

"저 뒤쪽에 봉우리 세 개가 있어요."

비교적 넓게 펼쳐진 하천 주변의 땅에서는 기댈 산이 아쉬운 법이다. 언덕이라고 해야 맞을 봉긋 솟은 언덕을 승격하여 산이라 부른다.

"이 소나무 숲은 언제부터 있었어요?"

"모르지요. 원래부터 있었는데 소나무를 일부 잘라내고 집을 지었지요."

내 소박한 지형학 실력으로 미리부터 짐작했던 바다. 인가가 들어서기 전에는 물의 영역이 지금보다 훨씬 넓었고, 강가의 자갈밭은 물 빠짐이 좋아 토양이 쉽게 메말랐을 터이다. 그래서 이곳에서는 다른 나무들의 범접을 이겨낸 소나무들이 제법 오랫동안 숲을 이루었으리라. 힘을 영합한 사람들이 둑을 쌓아 강의 영역을 제한하고 자신들의 삶터를 일구었겠구나. 그렇다면 송림이 위축된 시기는 그렇게 오래되지는 않았을 듯하다. 역시 일제강점기 지형도를 살펴보면 대략의 역사를 짐작할 수 있겠다.

남겨진 비보숲과 사라진 조산
마을숲의 가치에 대한 인식

다음날 아침 목적지로 가는 길에 우연히 만난 마을숲에서 잠시 멈추었다. 남평마을이라는 곳이다. 소나무 마을숲의 규모는 그다지 크지 않은 편이지만 거목으로 자란 나무들은 늠름하다. 숲 안에는 남전사유허비(藍田祠遺墟碑)라 쓰인 비석이 하나 서 있다. 남빛 염색의 원료가 되는 식물인 쪽을 기르던 밭이 있었을까? 남색은 쪽에서 나왔으나 쪽빛보다 짙다는 뜻에서 스승을 능가하는 제자로 비유되는 청출어람(青出於藍)의 마음이 닿아 있거나 남전이라는 사람의 호에서 유래된 비석일지도 모른다.

내 추측은 사실에 약간 비켜나긴 했지만 이름의 유래에 대한 부분이 어느 정도 맞다. 나중에 박찬열 박사의 도움으로 남원시청 홈페이지에 있는 내용을 살펴봤다. 남전사와 마을 이름은 향약 대가들로 알려진 중국의 남전 여씨(藍田 呂氏)를 기리는 사연을 지니고 있다. 유학을 숭상하는 뜻으로 정조 때 남전 여씨의 사적을 본떠 남전사를 짓고, 마을에 쪽을 심기도 했다. 마침 마을이 있는 곳이 평지라 '쪽들'이라 부르다가 남평(藍坪)이라 부르게 되었다. 실학자 이서구(1754~1825)가 전라감사이던 시절에 남전사를 보호하기 위하여 요천제방공사를 했다는 말도 전해진다.

약속 장소에 당도하니 남평마을에서 지척인 이백면 남계리 닭뫼마을이다. 뒷산을 닭의 형국으로 보고 닭뫼라 부른 것에서 유래되었다. 남계리는 조금 전에 보고 온 남전과, 닭뫼의 한자어인 계산(鷄山)의 첫 자들을 합친 이름이다. 알고 보니 5년 전 박찬열 박사와 실상사에 들른 다음 서울로 돌아가던 해거름에 대략 살펴봤던 곳이다. 서서히 짙어지던 어둠

속에서 급히 사진만 찍고 나중을 기약했던 소망이 이루어진 셈이다.

나는 곧장 마을 전체를 조망하기 좋은 자리를 살핀다. 발길은 자연스럽게 숲의 다른 끝 너머 들판에 이른다. 논에서 연세 지긋하신 분이 혼자 일을 하고 계신다. 다가가 인사를 드린다. 그리고 평범한 질문으로 말문을 트려 했다.

"여기에 왜 숲을 만들었는지 아시는지요?"

대답은 간단하지만 내게는 절묘하게 다가왔다.

"우백호가 열려 있으니 만들었지."

뜻밖에도 전혀 기대하지 않았던 정보를 얻는다. 마을 앞 하천 가까운 곳에는 예전에 사람이 만들었던 작은 언덕, 곧 조산(造山)이 있었으나 제방공사 때 없앴단다. 역시 나이 든 주민에게선 풍수가 출발점이다. 순흥 안씨가 주로 사는 마을이나 지금의 이장은 안쪽 마을에 사는 안성 부씨란다. 나는 그 정도의 정보로 만족했다. 어르신 얼굴의 일부에 마비 증세가 드러나며 대화가 꽤 힘들어 보였기에 얘기를 더 길게 나누진 않았다. 지금은 흔적도 없는 조산이 있었다는 옛 사실을 들은 것만으로 큰 수확이다.

마을숲은 마을의 앞에 있는 논을 오른쪽으로 길게 에워싸는 모습이다. 5년 전 자연스럽던 둔덕에는 그 사이 반듯하게 깎은 정치석을 쌓아놓아 보기가 조금 어색하다. 흙이 흘러내리는 것을 막자면 그런 어색함은 감수해야 하건만 나이가 들어가는 탓인지 나는 축대를 쌓는 공법에 대해서는 거부감을 느끼는 편이다. 박 박사는 나중에 따로 만난 현지 주민 안효선(당시 75세) 씨에게서 얻은 정보를 들려주었다.

"흙과 자갈로 된 마을숲에 2009년 요천권역개발사업으로 시의 지원을 받아 축석을 쌓고 산책길에 구절초를 식재했다."

요천은 마을 오른쪽 산자락 끝을 에둘러 마을숲 앞에 있는 논들 뒤를 감싸듯이 흐르는 하천 이름이다. 마을숲이 방풍에 효과가 있는지 묻는 질문에는 "꼭 그렇지는 않지만 없는 것보다 있는 것이 좋다."라고 대답하셨다. 이 부분에서는 내가 만난 분과 다른 정도로 마을숲에 대한 이해력을 보인 셈이다. 해마다 풀베기를 실시하여 숲을 보살핀다. 이 대화의 경험으로 박 박사는 지역 주민이 마을숲의 가치에 대해 어떻게 느끼는지를 조사하는 것도 생태계 서비스 연구의 한 항목이 되겠다는 문제의식을 드러냈다.

숲 끝에 서서 마을의 오른쪽으로 바라보면 긴 숲이 제법 위용을 갖추었다. 숲에서 떨어진 낙엽들이 이웃한 논에 보태져 유기물을 더하는 효과를 확인할 수 있다. 우리는 숲띠를 따라 걸으며 나무들을 살펴봤다. 참느릅나무와 느티나무, 팽나무, 개서어나무, 말채나무, 시무나무, 구지뽕나무, 가중나무(이 수종은 아마도 심은 것이 아니라 자연적으로 옮겨온 것이겠다) 등 다양한 나무들을 만난다. 무슨 까닭인지 시무나무는 하나같이 모두 죽었다. 내가 알기론 시무나무는 토양 수분이 넉넉한 곳에서 주로 자라는 나무인데 설마 정치석으로 수분 스트레스를 받은 것은 아닐까 하는 생각이 든다. 숲의 중간지점이 되는 마을의 주 진입로에는 '닭뫼 마을'이라 새긴 선돌과 함께 제법 그럴듯한 형상의 정자가 있다. 열녀비 또는 효자비로 보이는 비각은 마을 사람들의 자부심이리라.

그 짧은 시간에 우리의 새 박사(박찬열 박사)는 되새 무리가 농경지에 있다가 숲으로 들어오는 모습과 함께 황조롱이와 말똥가리, 박새, 딱새, 멧비둘기, 직박구리, 오색딱따구리를 관찰했다. 마을 앞 요천 건너에 우뚝 솟아 있는 청룡산에는 가까운 시기에 산불이 났던지 바닥이 일부 드러난 비탈에 검은 나무들이 앙상하다.

▲ 닭뫼마을숲 전경. 5년 전에 없던 정치석이 뚜렷하고, 논에는 마을숲에서 떨어진 낙엽이 쌓였다. 이 낙엽은 썩으면 부식질이 되고 비료가 없던 시절엔 특히 반가운 자원이었을 것이다.
▼ 마을숲을 통과하는 진입로 풍경

왕손이 마을을 이룬 길지
사당과 무덤이 있는 숲도 전통 마을숲일까?

사매면 대신리 상신마을은 입구에서 고개를 들어 올려다보면 자그마한 유역 안을 집들이 꽉 채운 모습이다. 먼저 당도한 우리 일행은 마을의 왼쪽(내가 마을 앞에서 바라볼 때는 오른쪽) 산줄기에 있는 솔숲 앞을 서성이고 있다. 마을 뒤엔 대밭이 잘 받치고 있고, 뻗어 내린 능선 위로 계룡산이 솟았다. 마을을 바라보는 내 뒤를 가로 뻗은 야트막한 안산도 깔끔하게 생겼다. 이곳은 조선시대를 통틀어 가장 존경받는 세종대왕의 아들 중 한 사람인 영해군의 후손들이 둥지를 틀어 일가를 이룬 곳이다. 그 당시로는 귀인의 마을이니 이름 있는 풍수가가 점지해준 길지가 아니었을까?

찾아간 이즈음은 대체로 우리네 시골마을이 조용한 시절인데도 상신마을엔 사람들의 기운이 느껴진다. 마을을 조망하는 사진 하나를 찍은 나는 잠시라도 답사지에서 호젓한 시간을 보내고 싶다. 우선 알뜰히 살핀 다음 일행들과 만나리라. 두 개의 길이 마을 양쪽을 에워싸는 산줄기 아래로 나 있다. 나는 올라가면서 왼쪽 길을 따라 걷는다.

몇 명의 마을 사람들이 마당에 시멘트를 바르는 작업을 하고 있다. 시골에서조차 저렇게 흙 마당을 배척하는 풍토가 내게는 못마땅하다. 그러나 시골집을 마련한 교수들과 얘기를 나누다 보면 이해가 된다. 여름 장마가 한바탕 휩쓸고 나면 달려드는 마당의 잡초로 애를 먹는다는 경험담을 여러 번 들었다. 또한 흙 마당은 곳곳이 패여 또 다른 성가신 일이 되기 마련이다. 시골의 골목길도 이미 시멘트로 덮였고, 한 집 두 집 마당

▲ 상신마을 전경. 대표적인 마을숲은 사진의 오른쪽(마을의 왼쪽)에 있고, 그 앞엔 정미소 건물과 사당이 자리를 잡고 있다. 뒷산 이름이 계룡산이다.

에도 콘크리트를 부었다. 도랑의 물길조차 이젠 콘크리트가 점령해버렸다. 문제는 그렇게 불편을 피하며 불투성 땅의 면적이 늘어나는 동안 생기는 부작용이다. 비가 올 때 땅 위로 흐르는 물의 양이 증폭하고 드러난 땅은 속절없이 긁힌다. 그뿐만 아니라 땅속으로 스며드는 물은 당연히 줄어든다. 게다가 때로는 겨울농사로 지하수를 퍼 올리기도 하는데, 물의 침투를 막았으니 전국 방방곡곡의 지하수위가 내려갔다. 이런 변화는 내가 시골 우물을 가끔씩 들여다보는 버릇을 낳았다. 이것은 답사의 첫날 운봉읍 인월리와 화수리에서 우물 이야기를 한 까닭이기도 하다.

　시골 사람들의 땅바닥 밀봉작업을 뒤로하고 나는 주거지와 숲이 맞닿는 길을 따라 걷는다. 곧 이웃마을을 넘어가는 낮은 고갯길을 만난다. 어제 화수리에서는 아주 멀리 바라보며 상상을 했으나 오늘은 몸소 현장에 들어선 것이다. 고개를 넘기 전에 양쪽으로 세 그루의 소나무가 있다. 높은 고개라면 땀을 식힐 나무 그늘이 있고 서낭당이 있는 것이 보통이겠으나 이곳은 워낙 야트막하여 굳이 서낭당까지 들어서야 할 지세는 아니다. 한 그루는 오른쪽 무덤 앞에, 다른 두 그루는 길 맞은편에 서 있다. 아마도 무덤가에서 사람의 보호를 받은 식물이겠다. 그것은 어린 시절을 보낸 시골 풍경과 이런저런 책에서 익힌 내 선입견으로 짐작을 해보는 일이다. 잘린 산줄기 흙을 보건대 그 고갯길도 한때는 진창이었겠으나 이제 시멘트를 발라 현대인의 편리를 도모해놓았다.

혼자서 고개를 넘어 가보지만 이어지는 길은 평범하다. 일행과 떨어진 시간이 제법 흘렀다. 돌아서서 마을 뒤를 감싸듯이 이어지는 길로 방향을 잡는다. 마을로 들어서니 우리 일행은 어느 집 옥상에 옹기종기 모여 있다. 양옥 평지붕이 전망대 구실을 하나 보다. 그 전망대에서 이호신 화백은 마을 전체를 조망하며 그림을 그리고 다른 이들은 옆에서 한가하다. 화가의 어깨 너머로 그림을 보는 최원석 교수의 둘째 아들은 뒷날 동양화를 전공하며 이 화백의 애제자가 되었다. 나는 그 인연이 답사의 또 다른 생산이라 믿는다.

나도 지붕으로 오른다. 역시 전망 좋은 위치를 잘도 골랐다. 화가도 풍수 전공자도 모두 관경하고 관산하는 재주로 삶을 꾸리는 사람인 만큼 당연한 일이다. 뒷산과 양쪽 산줄기에 곁들어 두 겹의 앞산이 마을을 에워싸고 있는 형국이니 마을은 이중환의 『택리지』에서 권장하는 길지의 모범이다.

"마을 입지로는 산줄기가 세 겹 다섯 겹으로 둘러싸인 곳이 좋다."

그동안 박 박사는 대신리의 이역수 이장을 만나 마을에 대한 정보를 얻었고, 그 전해들은 내용을 옮겨본다.

영해군의 후손들은 1970년대 78호의 규모로 살았으나 지금은 45호가 남았다. 왕손의 마을도 여느 농촌과 마찬가지로 이농현상을 겪었다는 말이다. 마을에서 보면 아름드리 소나무들이 채우고 있는 왼쪽 산줄기 부분은 풍수에서 매화낙지라 부르는 곳이라 마을을 매안리라고도 한다. 이장은 현재 마을숲을 보전하기 위한 군의 지원을 강조했다니 이 또한 흔히 있는 일이다. 마을로 예산을 이끌어오면 이장의 큰 치적이 될 터이다.

내 발길은 이제 상신마을로 오게 만든 핵심지역으로 옮겨간다. 그곳은 잘 보호되고 있는 왼쪽 산줄기의 소나무 마을숲이다. 한때 언덕 전체가 나무들로 덮였던 시절도 있었으련만 이제 산줄기의 일부는 주거지가 차지했다. 아마도 영해군의 후손으로 영광스럽던 시절에 늘어나는 식구들이 분가하며 마을은 낮은 언덕과 그 너머 공간으로 확장된 것이리라. 결과적으로 좌청룡 산줄기는 거주지로 잘린 모습이다. 느티나무 몇 그루가 서 있는 그 거주지와 소나무 마을숲 사이 공간은 바닥을 골라 잔디를 정성스럽게 가꾸어놓았다. 휴식공간으로는 안성맞춤이겠다.

바깥쪽 마을숲 구역은 잘 가꾼 무덤들의 공간이다. 주위엔 모양새 좋은 소나무들이 여럿 서 있고 언덕과 평지가 맞닿는 곳에는 사당도 보인다. 이렇게 휴식공간과 조상을 모시는 기능을 합쳐놓은 숲이 내게는 좀 애매해 보인다. 이렇게 마을 가까운 한 공간에 무덤과 소나무가 있는 숲도 전통 마을숲에 포함시켜야 할까? 내가 본 또 다른 사례는 경상남도 고성군 하일면 학동리 전주 최씨 집성촌이다. 답사의 끝 무렵에 들를 경상남도 산청군 단성면 사월리 배양마을 곁에도 그런 숲이 있다. 대전-통영 고속도로를 이용하여 고향으로 오갈 때 지나는 동안 그 풍경을 보며 늘 궁금해하던 사항이다.

▲ 고갯길. 왼쪽 두 그루 뒤엔 무덤이 보이고 오른쪽 대밭 뒤로는 무덤이 숨었다.

　나는 천천히 마을 앞의 들판으로 몸을 옮긴다. 풍수가들이 마을의 안
산이라 할 만한 작은 언덕 숲이 내게는 낯설기도 하고 특별히 눈길을 끌
었다. 숲의 규모는 작아도 사람들의 사랑을 받는 기색이 역력하다. 지체
가 높은 집안 후손의 마을 앞 안산답게 잘 가꾸어졌다. 그 언덕 뒤로 작
은 도랑이 흘러나와 마을 쪽으로 휘감아 돈다. 마을 쪽으로 다가오는 물
줄기는 풍수가들이 흔히 들먹이는 길지의 조건이다. 내게는 마을을 가리
는 안산과 마을로 드는 방향의 물은 그저 옛사람들의 물에 대한 갈구로
읽혀진다. 큰 저수지가 없던 시절 늘 부족하던 물은 그런 입지에서 얻고
보존하기 수월하지 않았을까? 아직은 확고하게 검정되지 않은 나의 가설
이다.

다음 행선지는 덕과면 사율리 사곡마을의 낮은 뒷산에 잘 가꾼 소나무 숲이다. 차에서 내린 나는 뒤처져 낯선 땅을 두리번거리며 마을 원경 사진 몇 장을 먼저 확보한다. 그 사이 일행들은 동네 아주머니 한 분과 벌써 얘기에 한창이다. 최원석 교수는 어느새 길바닥에 주저앉아 열심히 채록하고 있다. 다가가 보니 마을에 이르는 길에 만난 한 그루 버드나무의 사연이 궁금했는데 마침 설명 중이다. 역시 대략 예상했던 대로다. 그 나무가 예전에는 그렇게 쓸쓸하지 않았다는 것이다. 큰길에서부터 마을까지 버드나무들이 줄지어 서 있던 시절이 있었단다. 우리네 옛 마을 진입로에는 대체로 그런 숲이 있었던 것이다.

칡이 많아서 갈길, 왈길마을숲
옛사람의 바람과는 달라진 마을 경관

대산면 길곡리 왈길마을 첫인상은 의아하다. 앞을 막고 있는 마을숲은 요즘 보기엔 드물게 양호하건만 아쉽게도 마을 전체 경관은 무척 을씨년스럽다. 마을을 감싸는 산줄기는 낮고, 깔끔한 모양새를 갖추지 못한 채 여러 토막으로 나뉘었다. 자신들의 터가 잘생긴 산줄기로 아늑하게 싸여 있는 것을 좋아하던 옛사람들의 일반적인 바람과 거리가 있다. 마을회관 바로 옆, 작은 물길 건너편에 있는 버려진 폐가로 내 마음은 더욱 썰렁해진다. 쓰러진 집에는 이름을 알 수 있는 문패가 걸려 있고 집터는 대나무들이 점령하여 덧없는 시간을 드러내고 있다. 뒷산과 마을 사이를 가로질러 고속도로 건설공사가 한창이다. 이렇게 눈에 띄는 많은 장면이 나그네의 마음에 어두운 그림자를 드리운다. 입향조가 처음 찾아왔을 때는 숲이 지금보다 훨씬 나았거나 부족하나마 힘써 가꾸면 나아질 잠재력이 있었을 터인데 왜 이다지도 퇴락했을까?

그래도 마을회관 앞에서 위용을 갖춘 늠름한 한 그루 느티나무가 있어 위안이 된다. 마을을 수호하는 당산나무다. 1982년 보호수로 지정한 나무의 나이는 355년에 이른다고 적혀 있다. 높이 20m, 가슴높이 둘레 4.3m, 밑동 둘레 9.23m이고, 수관(樹冠, 줄기와 나뭇잎이 달린 나무의 윗부분)의 폭은 20m이다. 높이 0.5m 정도에서 큰 가지가 네 줄기로 갈라져 사방으로 고루 퍼졌고, 밑동은 혹처럼 울퉁불퉁하게 불거졌다. 정월 대보름날에 나무 앞에서 풍년을 기원하는 당산제를 올린다. 우리도 잠시 출출한 배를 달래기 위해 준비했던 막걸리를 나무 앞에 놓고 절을 올렸다. 연륜을 갖춘 나무를 곁에 두고 우리끼리만 마시기 부담스러운 마음이 은연중에 작용했나 보다.

흩어진 마을 좌우의 산줄기엔 숲들이 있어 한창때는 마을 경관이 포근한 시절도 있었겠다. 마을 오른쪽의 언덕으로 늘어선 숲은 여전히 품위를 지니고 있고, 그 숲과 주거지 사이(우리가 절을 했던 느티나무 뒤쪽)로 작은 물길이 흐르고 있어, 정겨웠던 마을의 옛 품위를 대략이나마 엿볼 수 있다. 그러나 마을 왼쪽의 논과 밭 너머에 있는 낮은 언덕으로 토막 난 대밭과 숲들은 그야말로 허허하다. 그렇게 경관은 전체적으로 빈약한 형세가 되었다.

떠나야 할 시간에 연세가 지긋한 주민을 만났다. 몇 사람이 꽤 오래 이야길 나누었으나 나는 그 자리에 끼지 못한다. 몸은 지치고 집중력이 낮아진 상황이다. 아무래도 여러 사람들을 끌어 모은 책임감이 마음의 부담이 되었던가 보다. 함께하는 사람들이 다양한 만큼 흥미로운 결과를 얻을 잠재력은 있으나 운행에 어려움도 따른다. 첫날 저녁 식사 자리에서부터 아침 출발할 때까지 작은 어긋남이 슬금슬금 드러나기 시작했다. 그렇게 지친 나는 풍경 사진을 찍는 정도로 서성이며 떠날 시간을 살핀다. 아래는 박찬열 박사의 기록에 의지한 내용이다.

"'우리 마을 당산제는 음력 12월 31일 지낸다.' 장명주(72세) 할아버지의 말씀이다. 마을회관을 중심으로 왼쪽은 좌청룡으로 산자락이 연결되어 있을 것으로 추측된다. '밖에서 부락이 보이면 안 된다. 그런 까닭에 좌청룡에 숲거리가 있고, 장가 효자문이 있다. …… 장가 종중 땅이 왼쪽이고, 오른쪽의 할아버지 당산은 윗당산이다. 마을 입구에 있는 곳까지 연결된 곳을 아랫당산이라고 한다. 그 연결되는 곳은 마을 땅이며 손을 못 대게 한다.' (아쉽게도 장명주 할아버지의 사투리를 제대로 표현하

▲ 마을 앞을 가리는 숲 일부. 각각 마을 왼쪽 언덕 끝(왼쪽)과 마을 정면의 수구(오른쪽)를 가리고 있다.
▼ 마을회관 옆의 느티나무. 왼쪽에 2001년 시민 단체 '생명의 숲'에서 '아름다운 숲'으로 지정했다는 표석이 있고, 소박한 제단에는 우리가 절을 하기 위해 놓았던 막걸리 병과 종이컵 두 개가 보인다.

지 못한다) 윗당산과 아랫당산 사이의 지역을 '풍치림'이라고도 부른다."

"1985년에는 41가구가 있었고, 홍덕 장씨가 많다. 칡이 많아서 '갈(葛) 거리'라고 했고, '갈길'이 '왈길'로 되었다. 두음을 부드럽게 처리하는 이 지역의 말하는 습성에 의한 영향으로 보인다. 장명주 할아버지는 '거시 기'라는 단어를 많이 사용했다. 재미 삼아 세어보았더니 10분 정도 시간 에 무려 19회나 된다.

칡은 산림청에서 유해덩굴로 지정하여 제거하는 데 예산을 배정하고 있다. 1970년대 소를 키울 때 소꼴 중 가장 좋은 것은 칡이었다. 광양에 서는 외삼촌과 소꼴을 베러 가곤 하였다. 칡을 먹었던 소는 이제 대부분 다른 건초를 먹고 있다. 유해덩굴을 제거하면 좋은 점도 있지만, 집중강 우가 있을 때 토양 침식이 늘어날 우려가 있다.

춘천 국유림에서 간벌한 다음 염소가 들어와서 칡을 먹는 것을 보았 다. 빽빽했던 숲에 틈이 생기면서 부드러운 풀잎이 자라 염소가 먹이를 찾아 들어온 것이다. 지역 주민이 기르던 염소가 숲으로 들어와 마릿수 도 늘어가고 분포역이 확장되고 있다. 염소의 출현은 국유림관리소의 골 칫거리라 방목을 말리고 엄포까지 놓아봤지만 뚜렷한 효과가 없다. 지역 주민과 어느 정도의 타협이 필요해 보인다. 숲 틈에는 당연히 다양한 생 물들이 정착한다. 어떻게 보면, 우리는 우리와 가까이하고 있는 초식동 물인 소와 염소, 토끼의 생태적 가치를 알지 못하고, 단순히 친근한 동물 로만 인식하고 있는 것이 아닐까?"

왈길마을에서 박찬열 박사는 우리 산야의 골칫거리가 된 칡을 초식동 물의 먹이로 이용해 어느 정도 제어하며 단백질 자원을 얻는 길을 발상 하고 있는 것이다.

산줄기가 에워싼 자궁 같은 마을
마을숲에서 과학적 요소를 찾는 긍정의 눈

하루의 마지막 행선지 대산면 옥율리 옥전마을에 당도했을 즈음엔 사위로 조금씩 어둠이 내리고 있다. 그런대로 적절한 시기에 닿았다는 생각도 든다. 여느 시골처럼 현실에서는 어려움이 가득한 농촌일지 모르겠으나, 부드러운 산줄기로 잘 에워싸인 마을은 포근하다. 때마침 연기가 피어오르는 마을 풍경은 묘한 감상을 안긴다. 어린 시절 놀이에 빠졌다가 어둑한 뒤에야 찾아들 때 느꼈던 고향마을의 정서가 가슴속 깊이 숨었다가 잠시 되살아난다.

마을숲은 왕버들과 소나무로 이루어져 있다. 숲띠 가운데 남아 있는 오목한 지형은 한때 지나갔던 물길의 흔적이겠다. 주민들은 쌓아올린 좁은 둑 위에 길게 물길을 내고 나무를 심었던가 보다. 주변을 살펴보면 옛 주민들은 뒷산에 내린 빗물을 마을 왼쪽 산허리로 유도한 다음 마을숲 안 오른쪽으로 거의 90도로 꺾어 흘러 마을을 에두르는 물길을 만들었던 것이다. 우리의 옛 마을에서는 풍수 원리에 따라 종종 그런 처방을 했다. 그렇게 소중한 물이 마을을 빨리 떠나지 말고 느리고 길게 흐르며 마을 땅을 적시도록 하고 싶은 마음이 있었던 것이리라. 저수지 덕분에 상대적으로 용수를 구하기 쉬워진 오늘날 그 마음은 사라졌어도 옥전마을숲은 오래된 손길을 아직 간직하고 있는 셈이다.

이때의 인연으로 옥전마을숲은 우리가 매우 공들여 살펴보는 연구지가 되었다. 그리하여 나중에 자주 찾게 되고, 어느 날 마을 쪽으로 마을숲과 바투 붙은 논의 주인을 만났다.

▲ 옥전마을숲과 이웃한 논에 떨어진 낙엽
▼ 옥전마을숲에 여과되는 낙조

"그 논 가운데에는 원래 연못이 있었어. 미꾸라지가 떼 지어 살았지. 그 미꾸라지를 잡아 끓인 추어탕이 참 맛있었지. 과식하여 설사를 한 어른들도 있었고…… . 연못 가운데는 20평 크기의 섬이 있었는데 1970년대 경지정리를 하면서 없애고 못도 메워 논으로 만들었어. 내가 땅값을 주었기 때문에 잘 알아."

마을숲이 자리 잡은 둑은 아래쪽에 있는 논바닥보다 어른 키 정도 높다. 숲의 위와 아래 논에는 늦가을 낙엽이 제법 쌓였다. 오래전 비료가 없던 시절 그 낙엽은 자연스럽게 논의 유기물 공급원이 되던 때가 있었겠다. 그러나 숲은 이웃한 땅에 그늘을 드리워 농작물 생산을 방해하기도 한다. 토양의 비옥도를 높이는 혜택과 빛을 가려 벼들이 자라기 어렵게 한 피해 중에서 어느 쪽이 더 클까? 식량증산을 원하는 사람에게는 후자가 더 쉽게 눈에 들어오는 법이다. 그리하여 새마을 운동이 한창이던 시절 우리의 많은 전통 마을숲은 수모를 당했다. 이 땅에서 사라져간 것이다.

때는 서쪽으로 해가 넘어가는 석양의 시간이다. 마을에서 내다보니 마을숲 나뭇가지 사이에 해가 걸렸다. 이 무렵이면 마을숲은 서향의 마을로 비스듬히 쏟아질 햇살을 막는 구실도 하겠다. 그 햇살이 눈부실 정도라면 사람들과 가축의 눈을 자극할 터라 숲띠의 완충효과도 기대할 만하다. 경상남도 고성군 마암면 장산리에서는 서쪽 해를 가리기 위해 긴 마을숲을 만들었다는 말이 전해지는데 옥전마을도 그랬을까?

어둠이 내리는 길을 따라 우리는 잠자리를 찾는다. 그렇게 마을과 거리를 두자 마을숲과 경관의 공간관계는 더 뚜렷하게 드러난다. 마을 뒤로 멀리 뻗어 있는 산줄기와 교룡산을 바라보며 우리의 풍수지리학자가 한마디 하는데 꽤 그럴싸하다. 여성의 젖가슴을 닮은 멀리 보이는 봉우

▲ 마을을 완전히 감춘 수구막이 마을숲. 두 봉우리가 보이는 산은 교룡산이다.

리 두 개와 그곳을 흘러내린 산줄기는 옥전마을에 닿았다. 마을은 마치 자궁과 같아 그 안에 포근하게 앉았다. 또한 마을을 감싸는 뒷산과 산줄기, 마을숲은 함께 애기주머니 형국을 이룬다. 문학적인 냄새가 풍기는 비유는 현대과학의 눈으로 보면 그저 흥미로운 이야기일 뿐이다. 나는 그 안에 깃든 과학적 요소를 찾아내는 긍정의 눈을 기르고 싶다. 왜냐하면 그런 방식의 이야기를 하던 사람들은 일찍이 과학과 비과학을 분화하지 않은 채 이 땅에 살았기 때문이다. 무엇보다 삶은 과학만으로 이루어지는 것은 아니다.

은밀한 뜻을 담은 마을숲
마을 주민들에게 듣는 살아있는 이야기

이른 아침 송동면 송내리에 도착하니 안개가 자욱하다. 새하얀 허공을 배경으로 강둑에 홀로 선 한 그루의 버드나무가 먼저 우리를 맞는다. 윤곽이 기괴하다. 나무를 이웃하여 정자와 함께 송내 봉서정 건립비를 세워놓았다. 문법이 어색한 비문을 대략 수정해서 적어보면 다음과 같은 내용이다.

"마을이 봉황새가 알을 품은 형국이라 고려 5년에 봉서동이라 불렸다. 서기 1864년에 송내방이라 하고 나중에 행정구역 개편에 따라 송내리라 고쳐 불렀다. 마을 앞에 수령 300년 된 버드나무가 135주 있었으나 순환도로를 개발할 때 잘라내어 이제 한 그루 버드나무만 남아 있다. 동쪽에 봉서정을 신축했고, 지금은 시내버스가 매일 운행되고 있다."

비석을 세운 1992년 무렵에 마을숲은 이 땅에서 영영 사라진 것이겠다. 안내글을 보건대 어렵던 교통 사정을 타개한 사업이 마을숲을 희생시킨 모양이다. 남원시로 쉽게 오가려던 주민들의 희망이 사업 뒤에 도사리고 있었을 터이다.

노거수 앞에서 잠시 서성이던 최원석 교수는 곧장 마을로 향한다. 몇 장의 사진을 챙긴 나도 그의 뒤를 따른다. 마을 앞에는 콩을 터는 할아버지와 키질을 하는 할머니가 계신다. 내게는 할머니의 키질을 기록에 남길 절호의 기회가 왔다. 마을 앞을 가리는 수구막이를 만들 때 가끔 지형을 키에 비유하는 때가 있다. 키의 끝부분을 보면 가로지른 대가 있는데 이것이 무거운 알곡과 가벼운 쭉정이를 구분하는 결정적인 경계 역할

▲ 여러 나무 중에 용하게 톱질을 피해 살아남은 버드나무 한 그루
▼ 키질을 하는 할머니

을 한다. 키 형국의 마을에 그렇게 분명한 경계 요소가 없으면 복이 빠져나가므로 숲을 만들었다는 이야기가 있다. 이를테면 경상남도 사천 대곡리와 강원도 홍천 남면 내리에는 그 사실을 분명하게 글로 남겨놓고 있다. 키를 본 적이 없는 도회 출신에게 설명을 하자면 실물이 필요한 법이나 지금껏 실감나는 장면을 제시하기 어려웠던 내가 놓칠 수 없는 순간이다. 연속으로 사진기를 눌러 빠르게 이으면 동영상처럼 보이는 자료를 마련한다. 오래된 숙제를 해결한 마음은 흡족하다.

그런데 인문지리학자 최 교수는 역시 다르다. 인사를 드리는가 싶더니 바로 할아버지 앞에 털썩 주저앉아 답사자료집을 펼친다. 바쁠 것도 없이 편안하게 이야기를 나누겠다는 태도를 초면의 주민에게 노골적으로 드러내는 것이다. 사진 찍기는 뒷전이고 현지인의 오랜 경험 안에서 실마리를 챙겨보겠다는 뜻이다. 그렇게 박규태 옹(79세)과의 면담이 시작되었다.

박규태 옹과 최 교수의 면담 자리에 앉았던 박 박사는 분위기를 이렇게 기술했다.

"이야기는 숲을 만들게 하는 힘을 낳는 수단이었고, 숲은 삶의 꼴을 다듬어가는 방식이었다는 생각이 든다. 오늘에 비해 지극히 단순했던 그 무렵의 삶에서 성(性)에 대한 화제는 큰 힘을 발휘하는 요소가 아니었을까?"

박 옹이 들려주신 이야기는 이런 내용이다. 원래 마을 앞으로 흐르는 하천의 수해를 막기 위해 버드나무를 심었다. 마을의 뒷산이 다리를 벌리고 있는 형국이고 지금은 안개에 가렸지만 마을 앞 들판 너머에 있는 긴 산자락이 마을을 향하여 엿보고 있다. 그런 구도로 마을 여자들이 바람이 잘 난다고 하여 들 가운데 돌을 하나 세워두고 마을숲으로 가렸다.

◀▶ 설명하는 할아버지와 함께하며 자연스럽게 역할 분담을 이룬 일행. 주로 최 교수는 묻고, 이 화백은 그림을 그리며, 나머지 사람들은 열심히 듣고 기록하는 장면이다.

이야기를 이어가던 할아버지가 갑자기 매우 곤혹스러워하신다. 연세 지긋한 분이 젊은 여성들 앞에서 감히 말로 표현하기엔 실로 난처한 순간이었다. 마을 앞 긴 산자락의 지명이 꽤나 선정적이다 - 그 명칭은 나중에 논 가운데 세운 돌과 산자락을 보고 나서 최 교수와 박 박사가 따로 듣고 왔다. 마을 앞 하천과 논들 너머 멀리 있는 낮고 긴 산자락을 쇠좆날이라 불렀다는 것이다. 마을 뒷산 계곡을 여성의 상징에 비유했다면서 쇠(소) 자를 넣은 것은 남성의 성기를 그나마 은유하려던 마음의 결과인 듯하다. 땅의 주인 또한 그런 암시를 안고 가긴 부담스러웠던 듯, 4~5년 전에 볼록한 땅을 고르고 복숭아나무를 심어 과수원으로 만들었단다.

이날 박 옹이 젊은 여성들을 앞에 두고 감히 이야기하지 못하셨던 이야긴 1998년에 출간된 책『남원의 마을 유래』와 남원시청 홈페이지에서 점잖게 소개되어 있다. 비슷한 설화들이 여러 마을에서 전해지고 있는데 소개를 하면 다음과 같다.

"어느 날 노승이 마을 앞을 지나가며 혀를 차며 말했다. '터는 좋은데 불화가 잦은 동네구나.' 이 소리를 들은 마을 사람들이 '스님, 어떻게 아십니까?' 하고 물었다. '여근을 남근이 건드리니 바람이 날 수밖에 없구나.' 하더란다. 마을 사람들이 '좋은 해결 방법이 있습니까?' 하고 묻자 노승이 처방을 알려주었다. 노승은 마을 앞의 두 곳을 지정하고 마을 앞 한 곳에는 남근의 기를 막는 입석을 세우고, 다른 한 곳에는 흙무더기를 쌓아 그 위에 돌탑을 만들도록 했다. 그리고 여자가 옷을 벗고 있으니 치마를 입혀라 하고는 사라졌다. 사람들은 노승이 시키는 대로 입석과 돌무더기를 만들고, 앞 냇가에 나무를 심었다. 그렇게 만든 숲의 길이가 10리 버드나무 길이 되었다. 희한하게도 그 이후엔 바람을 피우는 여자들이 생기지 않았다."

마을 가까이 있던 흙무더기와 돌탑은 없어졌고, 들판 가운데 입석은 여전히 남아 있다. 수령 300년 이상 된 버드나무가 마을 앞에 장관을 이루며 서 있었으나 도로 개설로 베어내고 이제 냇가의 한 그루와 부속마을인 간뎃몰 앞의 세 그루만 남아 있다.

맹금류가 쉬었다 가는 선돌
선돌이 경관 연결의 징검돌이 되기도

최 교수는 기어이 연세 지긋한 분의 마음을 움직였다. 덕분에 우리는 노구를 앞세우고 안개 속으로 인도를 받는다. 마을 앞 다리를 건너 논 가운데에 이르니 입석이 우뚝하다. 어른 가슴 높이의 돌 끝에는 맹금류가 뱉은 토사물(pellet)과 하얀 똥 자국이 선명하다. 이 입석이 경관 연결의 징검돌 구실을 한다는 사실을 보여주는 흔적이다. 사람들이 다른 뜻으로 놓은 구조물이건만 새들은 저들 편리대로 본다. 이때 우리의 새 박사는 하늘 높이 날아오르는 맹금류 관찰에 여념이 없다. 숲과 들판이 받아들이는 복사열의 차이는 공기의 비중분배를 바꾸고, 그것은 대류를 일으키는 원동력이 된다. '사람의 삶에 의해 미세경관 안에 생긴 대류와 바람길, 그 공기 흐름과 인공 구조물을 이용하는 새의 이동 사이에 놓인 관계'라는 흥미로운 연구주제가 내 눈에 읽히는 순간이다.

이 구조물이 새들에게 하는 역할은 충청남도 공주시 정안면 보물리의 숲과 비슷한 데가 있다. 보물리는 천안-논산 고속도로의 정안휴게소에 가까이 있다. 그 마을이 봉황이 알을 품은 형국이라는 이유로 들판 가운데 밥상에 해당하는 숲을 마련해놓는데, 여기 송내리엔 돌을 세우는 정도로 비보를 한 것이다. 들판의 상대적인 크기가 구조물의 크기를 결정하는 데 작용했을지도 모른다. 보물리 봉황 형국에서 밥상에 해당하는 숲이 뭇 새들의 쉼터가 되고 맹금류의 먹이 터로 이용되는 흔적은 뚜렷하다. 우리는 현장에서 새들이 씨앗을 옮겨 정착한 식물들과 뜯어 먹힌 비둘기 깃털을 관찰한 적이 있다. 농경지 가운데 있는 작은 숲이나 입석

▲▼ 논 가운데 세운 돌. 아래 사진은 안개가 걷힌 다음 찍었다. 선돌 위의 하얀 자국은 새똥이고 맹금류의 토사물은 평평한 상단에 있지만 사진에서는 식별이 어렵다.

이 들판에서 형성되는 바람을 일정한 방향으로 모을 수도 있겠다는 추측은 새 박사의 상상력에서 나온 가설이다. 미기후 전문가와 야생동물 전문가 사이를 잇는 얘깃거리가 생긴 셈이다.

일행이 논 가운데서 서성이는 동안 나는 추수한 논을 가로질러 열심히 걸었다. 이야기의 중심자리에 있는 산자락까지 가보기로 한 것이다. 그곳에 당도하니 희한하게도 어느새 안개가 말끔히 걷힌다. 입석 뒤로 멀리 여성의 은밀한 부분으로 은유된 마을 뒤쪽 언덕이 모습을 드러낸다. 놀 거리가 단순하던 시절 사람들은 긴 겨울 농한기를 견디어내기가 무료했을 터이다. 그래서 성인들이라면 쉽게 호기심을 보이지 않았을까? 모양새가 그다지 닮지 않았다고 하더라도 마을 뒷산의 계곡은 남성들에게 여성의 몸 한 부분을 연상시키고, 길쭉한 형국의 땅은 남성의 상징으로 삼았을 것이다. 그런 비유는 이야기의 양념이 되고, 그럴싸하게 들리기도 한다. 특히 젊은 일꾼들의 이해와 동감을 끌어내는 데는 그런 이야기가 도움이 되었을 터이다. 더구나 큰 돌을 옮기고 나무를 심는 역사(役事)를 해야 했다면 그 이야기로 뜻을 관철시키는 힘을 모으지 않았을까? 그 뜻은 실제로 지나가던 스님에게서 비롯되었을 수도 있고, 그저 마을 주민 누군가가 지어낸 이야기의 속내일 수도 있겠다.

긴 형국의 땅은 이웃한 논보다 조금 높다. 가만히 건물 뒤편을 돌아보니 복숭아 과수원이다. 아마도 농토로 바꾸면서 바닥을 골랐겠으나 숲으로 덮여있었던 때에는 제법 볼록했을 것이니 남근에 비유한 이야기 속에서 쉽게 동감을 얻었을 것으로 상상이 된다. 늦가을 아침 추위에도 불구하고 돌아다니던 한 떼의 거위들이 불청객을 만나 긴장하는 기색이 역력하다. 떠날 때까지 주인은 모습을 드러내지 않아 오래된 이야기를 확인할 기회는 없었다. 서둘러 일행과 합류해야 할 시간이다.

수구막이 숲 덕에 전쟁도 피한 마을
믿음보다 편리에 의해 더 쉽게 바뀌는 경관

수지면 유암리 갈촌마을로 향했다. 답사를 준비하는 과정에서 학생들이 찾은 자료를 조금 손질해본다.

"마을은 여러 가지 이름을 가졌다. 함박골과 갈볼, 갈벌, 갈촌(葛村) 등이다. 밥을 짓는 도구인 함박을 만드는 사람들이 모여 사는 곳이라는 데서 함박골이라 이름이 나왔다. 갈 자가 붙은 것은 칡이 많았던 연유에서 비롯되었다. 해발 250m의 견두산에서부터 마을까지 흔하던 칡으로 갈퀴와 삼태기, 발대 등을 생산하던 시절에는 칡 벌판이라는 뜻의 갈 벌이라 하다가 마을이 커진 다음 갈촌(葛村)으로 바뀠다. 1914년 일제가 몇 개의 작은 마을들을 병합하고는 그중에서 대표적인 포암리(包岩里)와 유촌리(柳村里) 이름을 따서 유암리(柳岩里)라 불렀다. 1405년(世宗 32년)에 진주 소씨(晉州 蘇氏)가 산을 개간하여 정착하기 시작했고, 나중에 전남 구례 등지에서 산전벌이로 주민들이 모여들어 마을을 이루었다. 비교적 넓은 비탈에 자리 잡은 마을 앞이 훤하게 뚫려 풍수설에 따라 가난을 벗어나기 어렵고, 재물이 모이려면 밖에서 마을이 보이지 않도록 가려야 한다는 말이 많았다. 그리하여 1820년 상수리나무 숲을 조성했다." (남원시, 1998)

대부분의 경우와 달리 마을숲을 조성한 해가 분명하게 알려져 있는 사실이 흥미롭다. 마을에서 만난 양상옥 옹(73세)과 잠시 이야기를 나눌 기회가 있었다. 그분의 말씀은 이런 내용이다.

"수구막이 숲이 있어 한국전쟁 때도 피해가 없었다. 양 마을 옆으로 지

▲▼ 갈촌리 마을 상수리나무 숲. 각각 마을 앞 접근로와 마을 안 옥상에서 찍었다. 위 사진의 오른쪽 부분 전봇대 뒤로 잘려나간 산줄기의 빈 공간이 보인다.

나가는 도로 확장 공사를 하면서 내 논 일부와 숲을 잘랐다."

갈촌마을 경관을 읽는 사이 내 빈약한 풍수적 시각이 잠시 발동한다. 풍수를 미신으로만 보던 시절에 수구막이는 그렇게 위축되었다고 치자. 마을을 잘 감싸주던 왼쪽 산줄기를 싹둑 잘라낸 신작로 건설이 주민의 아무런 저항 없이 이루어졌을까? 이제는 넓은 밭이 차지하여 허허로운 마을 오른쪽 도톰한 경사지는 이전에는 어떤 모습이었을까? 아마도 지난날 숲으로 잘 보전되었을 터인데, 먹을거리 생산에 대한 새로운 갈구(경작)가 작동하며 오래된 믿음(풍수신앙)을 밀어내었으리라.

어떤 사람은 이곳저곳 기웃거리며 땅과 사람 사는 흔적을 쫓고, 화가는 전망 좋은 남의 집 옥상을 무단으로 차지하며 그림을 그린다.

"어느 집 옥상에 들어 화첩을 펼치니 산과 숲, 마을이 서로를 안아주고 품어주는 경관이다."

화가의 말이다(『월간 산』, 2011년 1월호). 그 사이 새 박사는 새들의 생태를 읽는다.

"맹금류에게 희생된 것으로 추측되는 닭의 흔적을 목격하고, 하늘을 나는 말똥가리와 황조롱이를 관찰했다."

새 박사가 남긴 메모 한 자락이다.

아마도 피폐해가는 농촌에 대한 내 애틋한 마음 탓이리라. 마을 골목 길에서 넘겨다본 폐가가 눈에 선하다. 풀이 무성하게 자란 빈터는 토종벌을 키우는 벌통들이 차지했다. 한때 오순도순 살아가던 사람들의 삶을 뒤로 하고 이제는 버림받은 땅이 되었다. 농사로 잔뼈가 굵었던 세대가 땅속으로 갈 만큼 세월이 흐르면 이 땅의 농촌은 어떤 모습으로 바뀔까? 우리는 머지않아 다가올 현실을 얼마나 냉철하게 준비하고 있는 것일까? 우리는 하루빨리 지난날의 주역산업을 시대에 걸맞게 바꾸어갈 부드러운

▲ 폐가 한편에 놓인 벌통들

길을 찾아야 하는 숙제를 안고 있다. 그 숙제를 제대로 풀지 못하면 다음
세대에게 감당하기 어려운 짐이 되리라.

멀리서도 보이는 마을 뒷산의 숲띠
숲의 수종은 사람들의 애정과 역사를 반영하다

금지면 서매리를 목적지로 이동하는 길에 우리 차는 두 번이나 멈췄다. 정차의 주역은 지나가는 풍경을 살피던 사람이고, 렌터카를 운전하는 학생은 말없이 따랐다. 먼저 나를 세운 곳은 뒷산이 길게 뻗어 있는 수지면 남창리다. 그때 얻은 사진 한 장을 앞에 놓고 눈여겨보는 까닭은 우리의 남녘땅에 나타나는 마을 공간의 질서가 슬며시 드러나기 때문이다. 들-집-대밭-상수리나무 숲띠-소나무 숲으로 이어지는 우리네 남녘 마을의 공간 질서에 대해서는 이 글의 말미에 짚어보련다. 두 번째 멈춤은 길을 잘못 잡았던 덕분에 예기치 않았던 마을숲을 만났기 때문에 생겼다. 시골길에 익숙하지 않은 학생 운전자가 GPS의 안내를 따라 이동하며 방향을 놓쳤다가 우리는 금지면 입암리 서촌에서 길을 물어야 할 판이 되었다. 마침 하천 둑을 따라 남아 있는 마을숲과 언덕의 재실을 감싸는 소나무 숲을 사진으로 챙길 기회가 되었다.

목적지인 금지면 서매리 서재마을 뒷산 숲을 찾아보니 우리가 길을 잃었던 연유가 대략 짐작된다. 낮은 고갯길을 넘어야 서재마을인데 넘기 전에 왼쪽으로 방향을 꺾어버렸던 것이다. 이 실수가 오히려 마을 경관의 지형을 읽는 데는 도움이 된다. 서재마을 뒤쪽으로는 먼 산에서부터 낮고 긴 언덕이 뻗쳐있고, 앞쪽으로는 작은 개울이 흐른다. 우리는 긴 언덕 뒤로 돌아 반대쪽에서 개울을 거슬러 마을로 진입한 것이다. 개울 너머 마을 맞은쪽은 뒷산보다 더 완만한 앞산이 기어오르는 지형으로 주로 밭이 차지하고 있다. 그 모습과 앞서 소개한 봉고동일성의 이치를 연결

▲ 수지면 남창리 뒷산의 대숲과 상수리나무
▼ 서재마을과 뒤쪽 언덕. 마을앞 개천 하류로 이어지는 긴 리기다소나무 숲의 끝부분만 사진에 살짝
나타난다. 마을 바로 뒤쪽 상수리나무 숲은 이제 막 단풍이 들기 시작했고, 그 위쪽으로 이어진 검푸른
숲띠는 소나무들이다.

하여 상상을 펼쳐보면 이야기가 된다.

먼 옛날 마을 앞뒤의 언덕은 이어진 평지였고, 먼 산 계곡에서 모인 물이 차츰 땅을 깎기 시작했다. 그 물길이 세월과 함께 마을 뒤 언덕 쪽으로 공격사면을 이루며 길고 좁은 하천 영역을 이루었다. 낮은 뒤 언덕이 절벽처럼 급경사를 이루고 있기에 그렇게 짐작해본다. 다시 세월이 흐르는 동안 물은 길을 바꾸어 절벽을 멀리하며 개울 바닥에 낮은 퇴적지를 쌓았다. 뒷날 언덕 아래 바투 붙여 그 퇴적지에 사람들은 마을을 이루었다. 주민들이 늘어나며 물길을 더욱 앞쪽으로 밀어내고 마을 영역을 넓히며 물의 영역은 제한했으리라. 개울의 아래쪽 마을 끝자락을 벗어나면 앞산은 기세가 완연히 꺾여 제법 넓은 벌판으로 빨려든다. 길을 잃었던 우리는 하류에서 마을로 진입하며 벌판에서 사진과 같이 마을 풍경을 바라본 것이다.

서재마을 앞의 개울 건너편 경사지는 물을 대기엔 높아 밭이 되었겠다. 마을 뒤쪽으로 길게 뻗어 내린 언덕은 대략 3등분으로 구분이 된다. 마을이 들어서 있는 바로 뒤에는 단풍이 살짝 든 상수리나무가 숲을 이루었다. 식량이 귀할 때 도토리묵을 먹기 위해 주민들이 심었다(라용봉, 75세). 풍습이 바뀐 지금은 당산제를 지내지 않지만 여전히 당산이라 부른다. 마을 위쪽이며 오른쪽엔 과수원이 있고, 그 뒤쪽 언덕은 솔숲 차지다. 눈에 들어오는 형상으로 보건대 나무들은 그 땅에 스스로 뿌리내린 듯하다. 우리 차가 진입했던 마을 아래쪽이며 왼쪽은 논이다. 그 아래 언덕은 리기다소나무들의 차지다. 1960년대 또는 1970년대 녹화사업의 손길이 닿은 결과일 것이다. 그렇게 지역에 따라 뚜렷하게 구분되는 수종은 언덕에 대한 주민들의 애정과 역사를 반영하는 지표가 된다. 애써 챙기는 마음이 분명한 마을 뒤 긴 언덕의 상수리나무 숲으로 다중의 효과를 기대하는 것쯤은 짐작이 되는데 높은 쪽은 자연갱신의 소나무 숲이, 낮은 쪽은 외래종 리기다소나무 숲의 구역이 되도록 한 결정은 어떻게 이루어졌을까? 결정과정에 작용한 숲에 대한 마음이 다른 만큼 다가서는 주민들의 발길에도 차이가 있었을 것이다. 주민들의 방문 빈도와 이용하는 방식에 어떤 차이가 있을까? 대략 그려지지만 독자들의 상상에 맡겨둔다.

평범하지만 친근한 우리네 뒷산
뒷산도 마을숲이라 하는 까닭

    서재마을을 끝으로 남원 땅 전통 마을숲 답사는 끝났다. 다음 날 우리
는 경상도로 넘어가 가벼운 마음으로 몇 군데를 더 둘러보고 헤어짐의
아쉬운 마음을 나누었다. 그렇게 경상남도 산청군 단성면 사월리 배양마
을은 답사의 종착지가 되었다. 그곳은 내가 고향집 가는 길에 여러 번 지
나쳤던 곳이다. 몇 년 전 풍수 전공자 성동환 교수를 포함하는 답사꾼들
과 함께 잠시 들른 적도 있다. 박찬열 박사는 그때도 동행했는데 2010년
산림청의 전통 마을숲 복원사업 후보지를 선정하기 위해 현장실사를 따
로 하기도 했다.

    마을 앞을 가리고 선 오래된 숲속에 들어보니 새로 심은 소나무들의
흔적이 뚜렷하다. 박 박사는 신청서류와 현장을 검토한 다음 배양마을숲
을 복원대상지에 포함시키는 데 찬성표를 던졌단다. 그는 배산서원과 마
을숲, 망해봉, 엄혜산, 목화시배지를 연결하는 '마을을 포근히 감싸는 마
을숲', '따뜻한 목화 마을'의 이미지를 만들 수 있다는 결론을 내렸다. 그
러나 후보지에서 복원대상지로 바뀌는 데 손을 들어준 그는 대전-통영
고속도로에 단성요금소가 설치되면서 생긴 뒷산과 마을의 단절이 마음에
걸리는가 보다. 아마도 동물학자로서 경관 연결성이 흩어진 부분이 특히
우려스러웠을 것이다. 그런 우려는 마을의 숲들이 잘 이어져 뒷산의 정
기를 받아야 한다는 풍수의 주장과 닿아 있겠다는 생각도 든다.

    마침 마을숲 안에서 할아버지 세 분이 한가롭게 얘기를 나누고 계신
다. 찾아온 뜻을 말씀드리니 반갑게도 한 분(이종휘, 88세)이 특별히 적

▲ 산림청 지원으로 소나무를 새로 심은 배양마을숲

극적으로 호응하신다. 마을 앞을 흐르는 경호강 건너의 해발 220m 엄혜
산(嚴惠山)이 헐벗었던 예전에는 절벽 바위가 드러나 있었다. 동네에서
보기 흉한 바위를 가리고 경호강의 범람으로 입던 수해를 막기 위해 약
700년 전에 숲을 조성했다는 말이 전해진다. 1940년 무렵 아름드리 적송
이 숲을 이루고 있었으나 일본사람들이 베어가고 해송을 심었다. 배양마
을엔 합천 이씨와 장수 황씨가 주로 살고 있고, 5곳의 제단이 있어 음력
1월 14일 동신제를 지낸다. 우리는 새로 마련한 것으로 보이는 마을숲
안의 제단만 확인하고 해산의 시간을 가졌다.

　이번 답사에서 나는 우리네 마을숲의 묶음 안에 뒷산도 포함해야 한다
는 생각을 더욱 굳혔다. 지금까지 사람들은 대체로 부족한 곳을 보충하
고, 강하거나 흉한 곳을 가린다는 뜻의 비보엽승(裨補厭勝)에 근거를 둔

숲을 주로 마을숲이라고 불렀다. 이러한 좁은 의미의 마을숲에 비보숲이라는 이름을 붙여준 사람은 영남지방의 비보엽승을 주제로 박사학위 논문을 썼던 최원석 교수다. 나는 그 특수한 형태의 마을숲과 더불어 우리 경관에서 너무도 흔해 주목을 받지 못하고 있는 뒷산도 마을숲으로 봐야 한다고 주장한다. 왜냐하면 주인이 누구이든 상관없이 뒷산도 마을 경관에 포함되고 무엇보다 주민들의 마음에 깊이 뿌리내려 있기 때문이다.

1960년대의 시골살이를 회상해보면 비보숲은 특별한 관심을 가지고 엄격하게 보호되는 곳이었다. 뒷산의 숲은 주민들이 땔감을 구하고, 나물을 뜯고, 모내기 전에 지력을 높이고자 논에 넣던 풀을 베던 곳이다. 봄부터 찬 기운이 내리는 가을까지 그 뒷산에 소를 놓아먹여도 대체로 간섭하지 않았다. 아주 지독한 산주를 제외하고는 사람들이 뒷산에서 풀을 베거나 나무를 구하는 행위도 흔히 묵인했다. 산림녹화운동이 치열해지기 전까지 땔감으로 어린 소나무를 베어도 엄격하게 단속하기 어려운 실정이었다. 멀리 떨어져 있던 군청 담당자가 가끔 와서 벌채 행위를 단속하는 시늉은 했다. 그러나 그것은 의례적인 임무였을 뿐이었고, 동민들도 대수롭지 않게 대응했다. 사실은 군청 직원과 주민은 한통속이었다. 직원이 마을에 나타나면 어른들은 아이들에게 높은 곳에 올라가 "솔 치려 왔다. 솔 치려 왔다." 하고 고함을 지르도록 가만히 지시하기도 했다. 이러한 행위는 아이들을 벌하기 어려운 공무원의 약한 마음을 이용하는 공공연한 방식으로 뒷산에서 베어 와 집 안에서 말리던 소나무 가지를 숨기는 시간을 벌어주었다. 이렇게 뒷산은 소유권이 특정인에게 있더라도 마을 사람들이 공동으로 활용하던 공간이었다.

내 고향마을 뒷산은 또한 놀기도 하는 공간이었다. 산마루 평평한 잔디밭은 1년에 한 번 정도 주민들이 모여 잔치를 벌이는 장소였다. 정확하게 무슨 뜻인지 모르고 '모여서 잔치를 하는 행위'라는 뜻이라 내 멋대로 짐작했던 '회치'가 봄날이면 연례행사처럼 있었다. 그러나 마을 가까이 있는 작은 숲과 이웃 마을들을 아우르는 큰 유역의 수구를 가리던 긴 팽나무 숲은 달랐다. 그 평지의 숲들은 사람들이 감히 나무를 잘라낼 마음을 품을 수 없는, 그야말로 성림이었다. 그런 공간의 구분은 시작이 언제인지 나도 모르는 오래된 전통이다. 그 전통의 마음이 은연중에 전달되어 뒷산은 그저 평범하니까 제쳐놓고 비보숲만 특별히 마을숲이라고 부르는 마음을 낳은 듯싶다.

내 기억에서 쉽게 접근하던 고향마을의 뒷산은 풍경으로서 대략의 질서를 지니고 있었다. 집 뒤에는 지형에 따라 작은 텃밭이 있거나 없고, 그 뒤로 대밭이, 대밭 뒤로는 허술한 울타리와 함께 상수리나무들이 줄지어 있었다. 앞에서 언급했듯이 상수리나무 줄기는 돌을 맞아 생긴 상처가 있었다. 여름이면 상처에서 흐르는 수액을 노리는 여러 종류의 풍뎅이와 말벌들이 노상 있었고, 드물게 사슴벌레들도 찾아들어 심심풀이 애들의 짓궂은 놀이 대상이 되기도 했다. 말벌들을 괴롭히는 일은 약간의 위험성을 동반한 만큼 짜릿한 기분을 안겨주는 모험이었다. 상수리나무 뒤로는 띠와 같은 풀 무더기와 함께 어린 소나무들이 드문드문 자라고 있었다. 그렇게 어린 시절 내 고향의 뒷산은 정답고 그리운 풍경이었다.

시골 풍경에서 밀려나고 있는 상수리나무
보다 넓은 시야를 찾아서

어린 시절의 경험을 근거로 이번 답사에서 뒷산의 질서를 비교적 눈여겨보기 시작했다. 나는 남원과 산청의 마을 야산에서 옛 질서의 흔적을 어렴풋이 감지할 수 있었다. 화석연료 덕분에 더는 사람들이 땔감을 구하러 가지 않는 세월이 수십 년 지속되면서 뒷산엔 2차 천이가 제법 진행되었다. 그렇게 이 나라 뒷산 숲은 옛 흔적을 차츰 지워가고 있다. 캔버스에 물감을 덧칠하면 먼저 그린 부분이 감추어지듯이 옛 풍경 위로 진행되는 천이는 새로운 풍경을 그리고 있는 중이다.

일정의 말미에 선 나는 배양마을에서 그 흔적을 다시 만나 마음에 담아두었던 변화의 모습을 확인하고 싶었다.

"할아버지, 저 대밭 뒤의 뒷산에 도토리나무 있지요? 저 도토리나무가 예전엔 더 많았지요?"

배양마을과 멀지 않은 고향에서는 도토리가 달리는 모든 참나무류는 도토리나무라고 불렀다.

"그럼, 예전에는 도토리나무가 더 많았지."

"저 도토리나무에 여름엔 풍뎅이도 많았지요? 지금도 있나요?"

"지금은 없어."

아마도 왕이 다스리던 조선의 어느 시절에 구황식물로 장려되던 상수리나무를 대대적으로 심는 활동이 있었을 것으로 보인다. 그 활동은 한때 우리 시골의 독특한 풍경을 낳는 데 일조했을 것이다. 1970년 이후 효력을 발휘한 식량증산과 수입으로 마을 가까이 있던 상수리나무는 이

▲ 아래로부터 주거지와 밭, 대밭, 상수리나무, 솔밭이 차례로 나타나는 배양마을 뒷산. 이곳 뒷산은 낮아 솔밭의 면적을 멀리서 구분하기 쉽지 않다. 그러나 가만히 살펴보면 단풍이 들기 시작한 상수리나무 뒤로 소나무들이 있다.

제 구황식물이 아니다. 그렇게 그들은 우리 풍경에서 밀려나며 일상으로 만나던 우리네 풍경이 나이 든 사람들의 마음에만 남아 있을 뿐이다. 그러나 그 의미는 예사로운 것이 아니다. 만약 누군가 저 넓은 상수리나무들을 우리 풍경에서 깡그리 지우면 어떤 일이 일어날까? 세계적으로 특이한 경관 요소인 전통 마을숲에 마음을 빼앗겼던 내가 일찍이 따져보지 못했던 일이다. 1부에서 밝혔듯이 그 일은 미국 학생이 먼저 손을 대면서 나도 새삼스럽게 숙제로 안은 일이다.

답사가 끝나고
허전한 마음은 남아있네

　남원을 중심으로 찾았던 지리산 일대의 마을숲 답사는 끝났다. 우리의 전통 마을숲은 주민들이 주거지 주변을 살피고 부족하거나 부담이 되는 부분을 인위적으로 다스리던 처방이 남긴 경관 요소다. 그것은 마을의 좌우사방을 포근하게 에워싸인 공간에 삶을 꾸리려던 주민들의 마음에서 비롯되었다. 그래서 대체로 허술한 마을의 경계에 숲이나 연못, 장승 등을 마련하는 경우가 흔했고, 드물게 마을 안의 민망한 곳을 가린 경우도 있다. 때로 마을숲을 비보숲으로 부르는 것은 그런 사연 때문이다.

　이런 생성 배경을 고려하고 답사에서 만났던 마을숲들을 되돌아보면 4가지 유형으로 나뉜다. 구인월과 삼산, 옥전, 송내, 갈촌, 배양에서 만난 숲은 마을 앞을 가리고 있었다. 신기와 행정, 사곡, 서재의 숲은 마을 뒤쪽 또는 북(서)쪽의 낮은 산 또는 평지에 있었다. 전촌숲도 위치가 약간 애매하지만 마을 서쪽 곧 뒤쪽이라 봐도 무리가 없다. 닭뫼와 상신 마을 숲은 각각 마을의 오른쪽(우백호)과 왼쪽(좌청룡)의 부족한 공간을 채운 것으로 보면 된다.

　마을 뒤쪽과 좌우의 마을숲은 옛 모습을 제법 유지하고 있어 조금 위로가 되지만 불안한 마음을 말끔히 지울 수는 없다. 남원 답사에서 에워싸인 공간을 선호하던 토착민의 마음이 사그라지는 현실을 마주한 것이다. 다음 장에서는 먼 중국 땅 소수민족 마을에서 우리 옛 조상들의 마음을 잠시 마주쳤던 순간을 함께 나누어보려고 한다.

04

보전과 지속의 희망, 소수민족 마을

중국 윈난성 남부의 시솽반나와 위안양

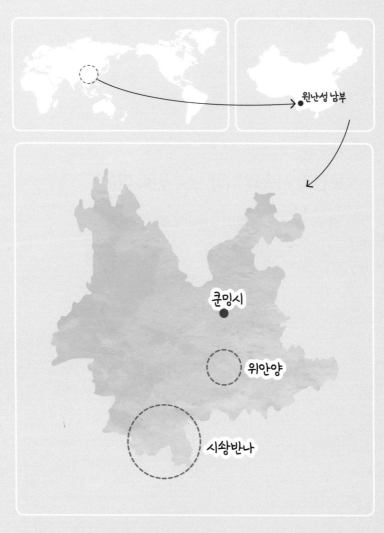

원난성 남부

쿤밍시

위안양

시솽반나

1차 답사　쿤밍 〉 징훙 란찬 강 〉 푸얼 차숲

2차 답사　위안양 신제진 〉 라오후치징구 〉 뒤이촌 〉 취안푸촹 마을 〉
　　　　　칭쿄우 마을

교수로서 마지막 연구년을 준비하며 먼저 일본 교토를 고려했다. 무엇보다 일본이 자랑하는 사토야마(里山, 마을 산)를 제대로 봐두어야겠다는 생각이 컸다. 자랑스러운 우리의 전통 마을숲에 결코 미치지 못하는 사토야마를 세계적 자랑거리로 만들어낸 그들의 저력이 부러웠고, 배우고 싶었다. 그러나 곧 저항에 부딪쳤다. 후쿠시마 지진 이후 한국 사회에 떠도는 좋지 않은 소문으로 아내는 일본행을 만류했다.

소수민족이 많이 산다는 윈난성(云南省)이 자연스럽게 대안으로 떠올랐다. 쿤밍(昆明)과 리장(丽江)도 다시 가보고 싶던 곳이다. 이런 내막을 알리지 않고 친한 벗인, 유엔대학교의 량(梁洛輝) 교수와 의논해 봤다. 때마침 내 주선으로 1월 말에 서울대학교에서 하니(Hani 또는 Hanni)족의 마을을 소개하는 발표를 할 예정이었다. 그는 서슴없이 쿤밍을 추천하더니 금방 자신의 동료인 윈난사범대학교 자오(角媛梅) 교수를 소개했다. 공교롭게도 내가 수속을 진행하고 있는 동안에 량 교수의 쿤밍 파견 근무가 결정되었다. 나중에 알고 보니 시솽반나 멍하이(西双版纳 猛海) 출신인 그에겐 이제 외국생활을 접고 고향 땅으로 돌아가는 과정이었다.

나보다 며칠 먼저 쿤밍에 자리를 잡은 량 교수는 나를 위한 두 개의 답사를 일찌감치 마련해놓고 있었다. 하나는 시솽반나와 푸얼(普洱)의 차 숲(공식적으로는 '차 정원'이라 하지만 혼농임업의 성격이 강하여 이와 같이 표현한다)으로 가는 일정이다. 또 다른 답사는 소수민족의 다랑논으로 널리 알려진 위안양(元阳)으로 유엔대학교 학생들과 동행하는 일정이다. 그것은 나를 초청한 자오 교수가 책임을 맡아 기획한 공식적인 학술행사였다. 그렇게 아주 짧은 기간에 멋진 두 개의 여정이 내게로 왔다.

두 답사의 성격이 다른 만큼 이동과 만남의 성격이 제법 차이가 난다. 시솽반나 탐방은 비행기로 징훙(景洪)까지 간 다음 량 교수의 지기가 주선한 지프차와 운전사의 협조로 진행되었다. 위안양 탐방은 두 대의 윈 난사범대학교 차량에 교수들과 다국적 학생들이 나누어 타고 운행하는 방식으로 이루어졌다. 전자는 량 교수의 지기들과 개인적인 만남이 어우 러진 자유스러운 자리였고, 후자는 공식적인 행사에 끼어든 손님처럼 내 행동이 어느 정도 제약을 받는 자리였다.

여정의 시작, 시솽반나 다이족자치주
징훙의 란찬 강에서 찾아본 사람과 땅 그리고 풍경의 고리

새로운 도시를 경험하는 내 방식은 대강의 지도 살피기와 숙소를 중심 으로 조금씩 낯선 공간으로 다가가 보는 것이다. 나는 쿤밍 공항으로 마 중 나왔던 학생들이 서툰 영어로 권장했던 추이후(翠湖)를 시간 나는 대 로 가보기로 했다. 멀지 않은 곳에 있다는 사실을 확인하고는 학생들 이 준 지도에 의지하여 방향을 잡았다. 그 호수를 찾아가던 첫날 꼬부라 진 골목길에서 나는 1970년대 한국에서 볼 법한 살벌한 풍경을 만났다. 낮은 담을 더욱 높이고 그 위에 사금파리를 꽂은 것도 모자라 쇠꼬챙이 와 철조망을 얹어놓았다. 그 풍경을 만든 사람의 닫힌 마음과 함께 그것 을 바라보는 마음도 결코 아름답지 않다는 사실은 나를 슬프게 했다. 풍 경으로부터 나는 담을 낮게 쌓고 시작한 삶에 뭔가 외부 침입을 당면하 면서 거주인들의 마음이 거칠어진 과정을 상상한다. 더불어 낯선 땅에서 경계해야 할 일들을 내다보며 긴장감으로 무장한다.

며칠 후 쿤밍을 떠나 시솽반나로 들어서며 만난 징훙은 잠깐 지나는 정도였지만 이국정취를 충분히 안겨주었다. 특히, 3월인데도 녹음이 우

▲ 시솽반나의 징훙 길거리

거져 여름 기운을 내뿜었다. 공항에서 숙소를 찾아가는 동안 만난 풍경
은 마치 태국에 있는 듯한 느낌을 주었다. 다른 일정을 마치고 호텔에 먼
저 도착해 기다리고 있는 구훙옌(顾鸿雁) 박사를 만났다. 량 교수의 지기
로, 유엔대학교에서 전통지식에 대한 사회과학적인 접근으로 박사후연구
원을 거쳤고, 이번 답사를 함께 했다.

　징훙은 나를 윈난으로 이끈 량 교수가 중학교를 다닌 곳이다. 오후에
그는 다음날 자기 부모 산소를 찾아보기 위해 제례용품을 파는 가게에서
간단한 준비를 하고는 란찬(瀾滄) 강변으로 우리를 안내했다. 그곳은 행
락객들이 즐겨 찾는다. 메콩 강의 중상류 정도인 란찬 강은 건기에도 불
구하고 물이 넉넉하기 때문이다. 또한, 방콕에서 오염된 메콩 강 하류

를 오래전에 본 적이 있는 내게는 상상하기 어려울 정도로 깨끗하다. 사람들은 그 물에서 자동차와 전기자전거를 씻기도 하고, 물고기를 잡기도 한다. 지금은 큰 다리가 이어줄 만큼 폭이 넓은 강을 량 교수는 어릴 적에 헤엄쳐 건너다녔다고 말한다. 그의 목소리엔 회상이 묻어 있다. 어쩌면 문득 중학교 시절의 고향 생활을 떠올린 내게 각색이 되어 그렇게 들렸을지도 모른다. 어린 시절 나도 여름이면 큰 저수지에서 오랫동안 물위에 떠 있곤 했다.

여름 기색이 역력한 징훙의 뜨거운 태양을 머리에 이고 우리는 강변길을 따라 오래 걸었다. 지류인 유사(流砂) 강이 합류하는 지점을 멀리 바라보며 발길을 멈춘다. 량 교수는 그곳 하중도에 있던 고도로 미얀마 군대가 쳐들어왔던 옛 역사를 간단히 설명하고, 그곳에 신축한 아파트에 별장을 하나를 마련해두었다고 말한다. 이제 막 50대에 들어선 그의 말에는 노년을 위한 준비의 일환이라는 암시가 들어 있다(이것은 난방 장치가 거의 없는 쿤밍에서 사람들이 겨울 추위를 피하는 한 가지 수단이기도 하다). 그러곤 동향인 부인은 이곳으로 돌아오고 싶어 하지 않는다는 말을 살짝 덧붙였다. 고향에 대한 남녀의 대비되는 마음과 행동이 인간생태라면 그 땅에서 일어나는 자연과정은 땅의 생태로서 두 생태가 연결되어 있다는 사실이 점점 분명하지만 아직 나는 고리를 찾을 겨를이 없다. 그럼에도 불구하고 사람과 땅, 풍경, 그 안에서 일어날 수밖에 없는 사건들의 고리는 언젠가 더욱 확고한 학문 영역이 될 것이라 믿는다.

▲▼ 메콩 강의 중류인 징훙의 란찬 강 풍경

차숲을 가꾸는 아이니 사람들
혼농임업식 차 재배

다음 날 아침에 하니족의 일파라는 아이니 사람들의 촌장 한 명이 우리를 데리러 왔다. 그가 우리를 데리고 간 곳은 우리의 보성 차밭과는 확연히 구분되는 숲속의 차밭이었다. 영어로 '차 정원(tea garden)'이라 적어놓지만 량 교수와 나는 '차숲(tea forest)'이 더 적절한 표현이라고 의견을 모았다. 그늘에서 부드러운 차를 생산하는 특성을 고려하여 숲을 그대로 유지하며 차나무를 심어서 가꾸는 모습이다. 소수민족들이 전통적으로 차를 재배하던 방식이란다. 숲에서 떨어진 낙엽이 땅을 덮어 수분 손실과 토양 침식을 막고, 또 낙엽이 썩어 생성되는 부식질로 비옥도를 유지하며 차를 키우는 원리가 그 안에 들어 있다. 사람 영향을 최소화하니 노동력도 절약하고 생물다양성도 유지하는 장점도 있다. 우리 보성 차의 재배 방식이 농업이라면 내가 방문한 차숲은 혼농임업(agroforesty)의 한 형태인 셈이다.

차숲의 길은 산허리를 감돌며 계속된다. 우리는 새로운 모습을 살피고 이런저런 얘기를 나누며 천천히 걷는 여유를 즐긴다. 조금 특이해 보이는 장치가 나타난다. 궁금해하니 도중에 합류한 쿤밍임업과학원 리장(李江) 박사가 해충을 섬멸하는 장치란다. 태양열을 집적하여 전기를 생산하고, 밤에 불을 밝혀 몰려드는 나방들을 지져 죽이는 잔인한 방식이다. 그는 이 장치가 무차별적으로 익충도 함께 몰살시키는 문제가 있다고 넌지시 지적한다.

길을 따라 하얀 꽃이 차숲에 지천으로 깔려 있다. 멕시코 원산의 식물

▲ 해충방제장치와 쿤밍임업과학원의 리장 박사

로 우리나라의 침입종인 서양등골나물과 매우 흡사한 식물(*Ageratina adenophora* (Spreng.) R.M. King & H. Rob)이다. 리장 박사에게 물어보니 이 녀석들이 윈난 남부 곳곳의 땅을 덮어 골칫거리가 되었단다. 대체로 사람의 길을 따라 전파되는 이 식물은 햇볕이 잘 드는 지역을 점령해가며 고유식물들의 영역을 잠식하고 있다는 것이다. 침입종 문제는 이미 우리도 겪고 있는 사정이라 새삼스러운 일은 아니다. 다만 높은 산에 있는 전통 차숲에서도 기승을 부리고 있는 모습이 지금까지 생각했던 것보다는 훨씬 위협적으로 보인다. 이 하얀 꽃의 식물은 나중에 윈난 지역에서 발길이 닿은 곳마다 만나게 된다.

전통방식을 고수한 차숲 풍경
차숲의 토양과 그곳에서 만난 소수민족

차숲 사이로 이어진 길도 불과 얼마 전에 넓힌 모양이다. 새로 구입한 탈것이나 늘어난 방문객을 위한 통로로 확장했나 보다. 어느 쪽이든 일종의 유기농인 전통 재배 방식이 인기를 얻으면서 생긴 변화일 터이다. 덕분에 잘린 경사지에서 현지의 토양단면 특성이 잘 드러난 장면을 만났다. 지난 2월에 다녀왔던 네팔과 흡사하게 이곳 표토는 작은 돌 하나 없이 구성입자가 매우 고른 흙이다. 차도 옆으로 다닐 때 토심이 수 미터는 되는 곳은 흔히 볼 수 있다. 비교적 단단하지 않은 석회암이 풍화하면서 형성된 토양이려니 하고 짐작하지만 상세한 토양생성 원리에 대해 아는 바가 없다. 다만 대부분 돌과 바위투성이인 우리의 숲과는 구별되는 모습이다. 토양 입자도 언뜻 봐서는 모래보다는 미사나 점토가 많아 보인다.

크기가 다른 입자들의 구성을 토성이라 한다. 이곳 차숲의 토양은 어떤 수준일까? 여행 안내서에서는 비옥한 토양이라고 설명하지만 눈으로 봐서 토성을 간략히 규정하긴 쉽지 않다. 흙에 간직된 영양소와 물을 얻어야 하는 식물의 처지에서 보면 모래가 너무 많아도, 점토가 너무 많아도 좋지는 않다. 모래땅은 물과 영양소를 풍부하게 담기 어렵고, 점토질이 지나치게 많은 땅은 빈틈이 적어 물이 잘 스며들지 않기 때문이다. 이를테면 우리의 단양 석회암지역에 측백나무 숲이 우세한 것은 석회암 토양의 낮은 수분보유능력 때문으로 해석된다. 수분이 부족한 땅에서는 그곳에서 견딜 수 있는 능력을 가진 식물만이 점령하기 쉽다. 천연기념물로 지정된 단양 매포읍 측백나무 숲은 그런 상황을 보여주는 풍경이다. 그와 달리 이곳 차숲에서 갈잎나무들의 늠름한 모습은 토양의 물 공급 능력이 단양과는 확연히 구분된다는 사실을 말하고 있다.

　사회과학자인 구 박사가 토양단면에 대한 의문을 품어서 잠시 현장 강의 시간을 가졌다. 낙엽과 죽은 뿌리들이 썩어 부식질이 쌓인 표토는 짙은 갈색 부분으로, 토양단면 사진의 A층이다. 여기에서는 유기물이 썩는 과정에 미생물이 분비한 물질과 토양 입자들이 뭉쳐져 떼알(aggregate)이 생성됨으로써 토양에 불규칙한 형태의 빈틈(공극)이 늘어나고 그곳으로 물이 풍부하게 스며들며 간직되는 능력이 향상된다. 영양소 또한 풍부하므로 식물과 미세동물, 미생물이 살기에 좋은 조건을 지니고 있다. A층에서 유기물이 썩을 때 생기는 유기산은 약한 산성으로 칼슘이나 마그네슘과 같은 물질을 씻어 내리는데, 그 과정을 용탈(leaching)이라 한다. 지하로 내려가던 침투수 속의 금속은 그 아래 토양의 점토에 흡착된다. 용탈 물질이 침적된 그 부분을 B층이라고 한다. B층 아래 모암이 풍화되어 비교적 기반암의 지질적인 속성을 지니고 있는 부분은 C층이라 구분한다. B와 C층은 확연하게 구분하기는 어렵지만 역시 색의 차이로 대략이나마 짐작할 수는 있다. 집적된 물질로 B층이 C층보다 색깔이 짙다.

　한 시간 남짓 천천히 걸어 촌장이 안내한 목적지에 당도하고 보니 차숲 가운데 있는 조그마한 움막이다. 소수민족 여인이 차를 끓여 손님들에게 맛보기로 대접한다. 나로서는 차와 함께 현지인의 지식을 얻는 시간이다. 1980년대 윈난에서는 대량생산을 위해 전통적인 혼농임업을 차만 남긴 차밭으로 바꾸는 열풍이 있었다. 그런 속에서도 난눠(南糯) 산기슭의 반포라오자이(半坡老寨) 마을은 전통방식을 고집했다. 덕분에 지금은 톡톡히 재미를 보고 있다. 농약을 치지 않고 생산하는 이곳 차는 가격이 훨씬 비싸다.

가만히 보니 차를 끓여주는 여인네 뒤로 움막 지붕을 받치는 목재에 '한얼동네'라고 쓴 한글이 보인다. 한국 사람이 다녀간 증표를 남긴 것이다. 안내를 맡았던 촌장이 한국회사가 상품화했다는 차를 하나 선물로 내어놓았는데 그 상호가 '한얼'로 시작한다. 아마도 남의 움막 한쪽에 적어놓은 그 글귀와 연결이 되겠다는 짐작이 든다.

량 교수가 말하기를 이곳은 바로 삼국지에서 남만(南蠻)이라 불렸던 땅으로 칠종칠금(七縱七擒)이라는 사자성어를 낳은 배경지역이란다. 남만의 왕 맹획(孟獲 또는 孟穫)을 일곱 번 잡고 일곱 번 놓아준 이야기의 주인공 제갈공명이 처음 이곳에 차 재배법을 알렸다고 믿는 소수민족들이 있다. 약 1800년 전 제갈공명이 남만을 정벌하러 갔을 때 차나무 종자를 전했다는 이야기는 소수민족 사이에 나도는 믿음이다. 이런 전설도 있다. 멍하이 난눠산을 지날 때 촉나라 군사들 사이에는 눈병이 돌았다. 이때 공명이 꽂은 지팡이가 차나무가 되었다. 찻잎을 끓여 환자들에게 먹이자 눈병이 나았다. 그때부터 난눠산을 공명산으로 부르기도 한다. 그런데 윈난의 6대 차산(茶山)의 하나인 유락산도 공명산이라 부른다. 지금까지 공명을 기려 제사를 지내는 민족도 있다. 사실 고증되지 않은 내용들로 곳에 따라 조금씩 다르게 전해지고 있다.

아마도 이 전설은 당시로서는 선진문물을 함께 가지고 왔던 힘센 자에 대한 선망의 산물일 듯하다. 당시의 정복자는 피정복자를 남쪽 오랑캐(남만)라 일컫지 않았는가? 이제 그들의 후손들은 소수민족이라 불리고 있다. 그러나 다음날 만나게 되는 소수민족인 부랑족(布朗族)의 이야기는 다르다. 공명이 오기 전에 그들의 재배법이 있었다고 한다.

▲ 차숲에 드러난 토양단면
▼ 차숲의 움막과 그곳을 지키는 아이니(하니족의 일파) 사람. 추녀 아래 가로로 댄 목재에 한글이 희미하게 보이는데 12월 초에 다시 들렀을 때는 몇 개의 다른 한글 낙서가 곁들여져 있었다.

전통방식으로 호응을 얻은 '생태차원'
차밭과 차숲의 차이 그리고 차신제

  이날 우리는 이동과 안내를 맡았던 빠라(巴拉, 달이라는 뜻) 마을 촌장 커쒀(克索)의 집에서 점심과 저녁식사를 해결했다. 커쒀는 마을의 주요지점을 비교적 소상하게 알고 있었고, 풍수에 관심을 두고 있는 량 교수의 질문에 꽤 충실하게 대답하였다. 높은 곳은 마을을 잘 에워싸는 풍수림을 유지하고, 낮은 산에 묘지를 만들어 사람들의 접근을 단속한다는 그의 설명은 풍수의 영향이 소수민족 마을에도 미쳤다는 추측을 가능하게 했다. 마을엔 젊은이들이 새로 집을 짓고 있었다. 아직 고령화가 크게 진행되지는 않은 듯하다. 그런데 젊은이들이 고향을 지키는 까닭은 자신들의 의지라기보다 도시에서 일자리를 구하기 어렵기 때문이란다. 도시의 낮은 빨대 효과가 시골의 활력 유지에 작용하는 힘이라는 뜻으로 들린다. 일과를 마치고 우리는 커쒀의 차로 멍하이 호텔까지 이동했다.

  숙소에서 하루를 묵은 다음 날 아침 량 교수는 자신이 오랜만에 찾는 부모의 묘지 참배 길에 동행할지 물었다. 달리 할 일이 없는 내가 마다할 일이 아니다. 호텔을 통해 주선한 자동차로 30분 남짓 달려 당도한 공동묘지는 멍하이 변두리에 있었다. 차밭 사이로 볼록 솟은 언덕에 봉분은 없고 비석들이 줄을 지어 서 있다. 공동묘지를 이웃하여 경사가 완만한 구릉지를 차지한 차밭은 우리의 보성 차밭 풍경과 매우 흡사했다. 차나무들이 몽실몽실 줄지어 서 있는 단일종 재배 방식인 것이다. 농약과 비료로 생산성을 유지하는 단일종 재배는 환경오염과 생물종 감소 문제를 야기한다. 이에 대한 지적이 최근에 이루어지고 있다고 량 교수가 설명

▲ 공동묘지를 이웃한 차밭
▼ 징마이산 고개의 차숲. 차나무는 관목으로 큰 나무의 하층을 이룬다.

한다. 그리고 이제 이곳에서는 전통방식으로 회귀하여 '생태차원'이라는 이름으로 생산한 차를 비싼 값으로 파는 길이 호응을 얻고 있단다.

우리의 다음 목적지는 보이차의 고장인 푸얼이다. 시솽반나를 떠나는 길에 징마이(景迈)산 입구를 지나며 한 차례 검문이 있었다. 윈난 남부지역에서 마약 단속이 심하다는 얘기를 익히 들었기에 나는 태연하게 사태를 지켜본다. 공안이 차를 세우고, 운전자는 간단히 자기 형편을 얘기하는 정도로 검문은 싱겁게 끝난다. 그렇게 징마이산을 넘으며 커다란 거목 아래 관목으로 서 있는 차숲을 만났다. 이미 난눠산 반포라오자이 마을에서 경험한 모습이라 신선도가 조금 떨어지긴 하지만 고원을 넘는 찻길 양쪽으로 펼쳐진 차밭은 색다른 맛이 있다. 큰 키의 나무들은 싱싱하고 숲이 훨씬 울창하다.

한참 후 우리는 목적지에 닿았다. 망징(芒景)이라는 마을이다. 산골임에도 숙소가 깔끔해서 나는 내심 놀랐다. 게다가 그 숙소가 젊은 현지인의 소유라는 사실에 더욱 놀란다. 이곳에서 몇 번 묵은 량 교수의 설명에 의하면 숙소 주인의 이름은 낭창이고, 부랑족 왕가의 후손이다. 내가 묵을 방까지 안내를 받으며 만난 종업원들의 숫자와 건물의 규모, 장식품들로부터 꽤 성공한 사업가로 자리를 잡았다는 짐작이 가능했다. 그는 나중에 미얀마에 있는 부랑족 사람들에게 차 판로를 찾아주고, 자신처럼 관광업과 연결시키는 사업을 가르치는 프로그램을 만들겠다는 계획을 량 교수에게 토로했다. 자신의 성공 경험을 다른 나라에 사는 동족과 나누겠다는 기특한 배려다.

운 좋게도 우리는 다음 날 오전 진행한 차신제에 동행할 수 있었다. 의례는 차 채취를 시작할 때 가정 단위로 지낸다. 차신은 여성이라 날짜는 여주인이 정하는 것이 부랑족의 관습이다. 일반적으로 차신제를 지내는

▲▼ 차신제. 남성이 숙소 주인 낭창이고, 여성은 소개받지 못했지만 그의 부인일 것이다.

장소로는 자기 차밭에서 가장 오래된 나무를 선택한다. 선택한 곳에는 촛불을 얹는 굵은 말뚝과, 끝에 음식을 넣는 바구니를 단 대 막대기를 마련해둔다.

지켜보니 의례 자체는 간단하다. 여인이 촛불을 밝혀 나무 말뚝 위에 꽂고, 댓잎에 싸서 준비해 온 세 가지 음식을 막대기 끝 용기 안에 넣어 차신에게 바친다. 세 가지 음식은 차와 쌀밥, 닭고기다. 이들의 삶에 차와 밥과 함께 닭 또한 특별한 의미를 가진다는 뜻이다. 어쩐지 이곳 차밭을 헤집고 다니는 닭이 유난히 많더라니.

차숲과 논의 생태적 흐름을 잇는 생물들
닭과 오리 그리고 벌의 생태적 지위

새벽부터 어둠이 내리는 저녁까지 병아리를 데리고 다니며 차숲에서 먹이를 찾는 어미 닭들을 흔히 볼 수 있다. 내 눈에는 낙엽과 벌레, 닭으로 이어지는 먹이사슬을 활용한 생태적 흐름이 금방 들어온다. 닭들은 지렁이를 포함한 여러 무척추동물을 찾아 땅을 헤집고 있다. 먹이가 되는 무척추동물들은 흙 속에서 낙엽을 먹고 자랄 것이다. 땅을 헤집는 닭의 행위는 산소를 공급함으로써 토양 안에서 일어나는 유기물 분해와 영양소 순환 속도를 촉진할 것이다. 그 과정이 차나무의 성장과 생산된 차의 맛에 어떤 작용을 하는지 밝힌 연구결과를 아직 본 적은 없지만 긍정적일 가능성이 크다. 왜냐하면 닭은 작은 미물을 먹고 식물이 이용할 수 있는 무기질 질소로 바꾸어놓는 데 기여할 것이기 때문이다.

망징의 뒷산에 해당하는 아이렁산에서 만난 차숲의 닭이 하는 역할은 나중에 위안양의 계단논에서 만나는 오리와 생태적 지위가 비슷하겠다. 차숲에 살아 있는 풀이나 나뭇잎, 낙엽 등의 유기물을 먹고 자라는 벌레들이 있고, 닭들은 그 벌레를 찾아 땅을 헤집으며 자신의 존재감을 드러낸다. 논에 풀어놓은 오리는 물풀과 부유물질을 먹는 벌레를 찾아 헤엄치는 동안 물과 땅을 자극하며 한 구실 할 것이 분명하다.

귀국하기 나흘 전 오리농법의 변화에 대한 소식을 들을 기회가 있었다. 량 교수의 안내로 쿤밍 부근의 작은 읍 이량(宜良)에서 한 농촌개발담당 공무원을 만난 자리였다. 이량 농촌에서는 일찍이 논에서 오리를 키웠다. 그렇게 키운 오리를 북경오리와 다른 방식으로 요리하여 지역의

▲ 차숲의 닭들

명물로 만들었다. 그런데 그 오리농법은 이제 사양길을 걷고 있다. 지역의 강우량이 줄어들고 쿤밍의 개발로 조경수 수요가 늘어나면서 농부들은 논을 묘목장으로 바꿨기 때문이다. 그렇지 않아도 오리 똥이 강물을 오염시킨다는 비난을 받던 차에 일어난 일이다. 이 짧은 이야기는 기후와 도시의 소비성향, 사람의 인식 변화가 함께 어우러져 토지 이용을 바꾸는 사례가 된다.

이렇게 변화 중인 문명세계에서 전통이 괄시를 받고 있지만 다행히 망징과 위안양의 소수민족 마을에선 아직 옛 명맥을 유지하고 있는 셈이다. 전통사회에서 사람들의 주 단백질원인 동시에 차숲과 논에서 소중한 생태적 역할을 맡았던 닭과 오리의 운명은 앞으로 어떻게 될까? 내가 보기에 중국의 발전과 함께 소수민족의 전통은 빠르게 쇠락될 듯하다.

차신제를 보던 날 마침 차를 구입하기 위해 북경에서 왔던 두 명의 젊은 상인이 동행했다. 앞서가던 그들은 갑자기 머리 위를 가리켰다. 커다란 고목에 여러 개의 벌집들이 집단으로 붙어 있었다. 말벌집이란다. 말벌은 차숲의 해충을 방제한다고 믿기 때문에 주민들은 보호하고 있다는 설명을 덧붙인다. 벌들이 찻잎을 갉아먹는 벌레들의 기승을 억제한다는 뜻이다.

미국 버몬트대학교에서 벌의 생태계 서비스를 연구하고 있는 고인수 박사의 도움으로 여러 전문가들의 의견을 들어보니 이 벌집의 주인은 거대꿀벌(giant honey bee, *Apis dorsata*)일 가능성이 더 크다고 한다. 현지인들의 믿음과 달리 거대꿀벌이 맞다는 사실을 다시 확인할 기회가 있었다. 코넬대학교의 토마스 실리(Thomas Seeley) 교수에 의하면 이 녀석들은 난폭하고, 생김새도 말벌과 비슷해서 흔히 말벌로 오인되기도 한다. 거대꿀벌은 직접적인 해충방제 활동을 하지 않지만 유익한 생물인 것은 분명하다. 연구실에서 꿀벌을 환경교육 관점에서 연구한 조유리의 끈질긴 궁금증 덕분에 현장의 오류를 검토한 경험이다.

아무튼 차나무들과 섞여 있는 숲의 나무들이 이런 정도라면 벌뿐만 아니라 새들을 포함하는 다양한 생물들이 깃들어 있을 것이고, 이들 중에는 찻잎을 갉아먹는 벌레를 노리는 녀석들도 있을 터이다. 그렇다면 이 자연의 섭리는 성숙한 이웃 숲에서 비롯된 차나무와 사람이 얻는 명백한 혜택이 된다. 이것은 전통적인 재배 방식이 자연의 혜택, 곧 생태계 서비스를 활용하는 모습이다.

▲▼ 커다란 나무 가지에 다닥다닥 붙어 있는 벌집들. 어른 등산화보다 훨씬 큰 벌집이 나무 한 그루에 대략 20개 넘게 붙어 있었다.

네팔의 땔감 사정을 풀어줄 열쇠를 찾다.
집집마다 옥상에 설치된 태양열 이용 장치

윈난성 남부 여정을 시작하기 두 달 전에 나는 네팔에서 열악한 땔감 사정이 야기하는 부엌의 연기와 건강 문제를 목격했다. 많은 네팔 사람들은 부엌에서 나는 짙은 연기 속에서 지내기 때문에 그들의 허파엔 검댕이 쌓인다. 그렇다면 실내 연기를 빠르게 밖으로 내보낼 수 있도록 아궁이와 굴뚝을 개량하면 어려운 네팔 사람들을 돕는 길이 되겠다. 실제 네팔에서 오래 의료봉사를 하는 지기는 그런 사업을 지원하는 재정을 마련했다. 그러나 내 눈으로 확인한 결과 사업의 효과는 없었다. 아궁이를 개량하고도 네팔 사람들이 건물 내부의 온기를 유지하느라 일부러 연기를 부엌에 가두어 두기 때문이다. 매우 어려운 땔감 사정 때문이다. 그리하여 내 마음에는 땔감 소비를 줄이는 한 가지 방법으로 태양열 이용이 똬리를 틀었다.

그런 다음 내 행선지가 윈난으로 된 것은 운명인 양 여겨진다. 시솽반나에 오기 전 쿤밍에 머물던 날 호텔 7층 방에서 밖을 잠시 내다봤다. 내려다보이는 거의 모든 옥상에는 태양열 이용 장치가 버젓이 자리를 잡았다. 도시를 벗어나는 고가도로에서 바라보는 아파트 지붕도 별반 다르지 않다. 네팔 문제를 푸는 하나의 대안이 이미 쿤밍에 있는 것이다. 이제 쿤밍과 네팔을 잇는 길만 찾으면 해결책이 있겠다.

다만 쿤밍에서는 태양열로 데워질 물을 저장하는 용기 재료가 대부분 함석이라 햇빛을 강하게 반사하는 것이 거슬렸다. 반사된 강한 빛은 사람뿐만 아니라 야생동물을 자극하면서 심리적인 불안감을 자아낼 가능성이 높다. 그렇다면 페인트칠이라도 해서 반사량을 줄이는 일은 왜 하지 않는 것일까? 곧 숙소 주인 낭창의 안내로 둘러본 이웃 마을 웡지(翁基)에서 해결의 실마리를 만나게 된다. 이 마을에는 이미 집집마다 목재로 틀을 만들어 함석 용기를 가리는 장치를 해놓았다. 지금까지 거쳐 온 경로에서 오직 이 마을만이 내가 내다본 답을 먼저 실천하고 있는 우연이 반갑기만 하다.

이날 낭창은 우리를 이웃 마을로 안내하며 마을 이름의 유래를 들려주었다. 동쪽 마을 망훙(芒洪)은 독수리라는 별명을 지녔다. 그곳에 보금자리를 마련한 사람들이 처음 사냥한 동물의 이름을 따서 지은 것이다. 우리가 묵는 망징은 지역의 중심을 의미하고, 웡지는 예언자의 동네라는 뜻이다.

망홍

망홍은산독수리의채라는뜻입니다. 여기는하나의부랑족이거
주하고있는마을입니다. 신앙은소승불교입니다. 그들이거주
하고있는집은일반적으로나무울타리형┌소이며지붕은가파
른경사이며전통괘와로덮여있습 ,다. 주택바닥은평면이며노
천막장이있어곡물을말리우거나혹은더위를피하고 을수있
습니다.망홍은부람족이원시풍격을유지한산채이며촌입구와
줄구에서서층층이겹치는산봉누┐를볼수있습니다. 아짐에는
운해해돋이를볼수있었으며저녁이면저녁노을이변화되면서해
가지는것을감상할수있어명부7 실한 "산채" 입니다.

▲ 태양열 이용 장치(↓)가 보이는 웡지 마을의 지붕
▼ 망홍 마을 팔각정의 안내판은 한국 사람들의 방문이 잦은 사실을 드러내고 있다.

위안양의 다랑논에서 바라본 일출과 일몰
풍경에 몰두하는 두가지 마음

시솽반나를 다녀온 다음 나는 주로 쿤밍의 숙소에서 시간을 보냈다. 초청자인 자오 교수가 새로 옮긴 교외의 캠퍼스에서 근무하고, 그곳으로 가는 교통이 불편하여 숙소를 아예 임시 연구실로 삼은 것이다. 해발고도 1,900m인 쿤밍에서 30층 아파트에 머무른 것이니, 대략 2,000m 고도에서의 생활이기도 했다. 출퇴근 시간이 늘어난 자오 교수와의 연락은 뜸했다. 위안양으로 가기로 정한 하루 전에야 비로소 다음 날 오전 7시 30분 윈난사범대학교 정문에서 보자는 연락을 받았다. 그렇게 쿤밍 생활이 꼭 20일 되는 날 유네스코가 지정한 세계문화유산, 위안양의 다랑논을 볼 기회가 왔다.

시내버스 시간이 일정하지 않은 사실을 경험한 나는 길을 떠나는 날 일찍 집을 나섰다. 하지만 자오 교수는 늦게 나타났고, 얼굴에는 그다지 미안해하는 기색은 없다. 중국의 '만만디' 문화 때문인 듯하다. 그이는 식사를 했는지 묻는다. "당연히 했지."라고 답하자 놀라는 표정이다. 그리고 이제부터 식사시간이라는 말을 슬며시 내비친다.

학교식당으로 안내를 받고 나니 생김새가 중국인이 아닌 것이 분명한 여러 사람들이 모여든다. 그들은 간밤에 일본 도쿄에서 왔다. 가나인 세 명과 온두라스인 한 명, 인도인 한 명은 유엔대학교 학생들이다. 스리랑카 출신 교수와 그의 필리핀 출신 부인, 프로그램 책임자 일본인 교수가 그들의 인솔책임단이다. 곧이어 칭화대학 교수와 함께 자오 교수의 제자들과 동료 교수가 등장했다. 쿤밍을 떠난 다음 도중에 중국인 학생 일곱

명이, 위안양 현지 숙소에서 다섯 명의 학생이 더 합류했다. 다음 날 무거운 측정 장치를 옮겨주는 지역인 두 명도 함께했다. 답사의 핵심은 유엔대학교 학생 다섯 명의 야외실습이고, 나머지는 모두 그들을 돕는 중국학생들과 현지 하니족, 교수들로 구성됐다. 나는 그들의 행사에 끼어들어 색다른 경험을 하는 행운을 얻은 셈이다. 무엇보다 다행인 것은 5명의 유엔대학교 학생들의 밝고 유연한 태도다. 그들은 1년을 이미 학급 동료로서 지낸 사이로 익살과 장난기에 웃음을 달고 지냈다. 덕분에 탐방 내내 즐겁고 유익한 시간이 이어졌다.

여덟 시간 이동이 지겨운 줄 모르고 후딱 흘러갔다. 어느새 목적지 위안양 신제진(元阳县 新街真)에 도착했다. 이곳 일출과 일몰의 다랑논 사진들은 이미 들고 간 책 『윈난, 고원에서 보내는 편지』에서도, 인터넷 공간에서도 익히 봤다. 이곳을 찾는 관광객들에게 멀리서 바라보는 다랑논 풍경은 빼어놓을 수 없는 관광대상이다. 우리도 이 점에서는 예외일 리 없다. 호텔에 짐을 풀어놓고 약간의 여유를 가진 다음 1시간 남짓 거리에 있는 라오후치징구(老虎嘴景区)로 차를 달린다. 늙은 호랑이가 입을 벌리고 있는 형국이라 그런 이름이 붙여졌다는데 대충 봐서는 비유에 동감하기가 어렵다. 목적지에 당도하고 보니 벌써 차를 세울 만한 공간은 없다. 주차는 기사에게 맡기고 우리는 서둘러 관광대열에 합류할 마음에 바빠진다. 해가 떨어질 서쪽 하늘과 저 아래 넉넉한 다랑논을 바라볼 수 있는 자리엔 이미 많은 사람들이 상기된 얼굴로 일몰의 시간을 기다리고 있다.

노점상인들과 방문자들의 첫 만남이 이루어지는 공간에서부터 우리 일행은 특별한 관심을 받는다. 세 명의 가나 학생들을 향한 사람들의 눈길이 떨어질 줄 모른다. 더구나 그런 눈길에 이미 익숙한 유엔대학교 박사

▲ 마을과 다랑논. 능선 위에 마을이 있고, 그 아래로 숲이 없는 경사지와 저지대에 논들이 들어섰다.

과정 남학생 곤프레드(Godfred)는 자기가 먼저 눈길의 주인공을 끌어당기며 분위기를 잡는다. 이런 반응은 이번 탐방 동안 차에서 내리면 늘 있었고, 그때마다 곤프레드는 넉살을 부리며 상황을 늘 밝은 쪽으로 이끌어내는 장기를 지니고 있었다.

다른 가나 여학생 두 명 또한 장난기를 발휘하는 데는 곤프레드에 뒤지지 않다. 이를테면 덩치가 큰 여학생 루비(Ruby)는 내가 첫 만남에서 인사하고 명함을 주자마자 관심 분야를 묻고는 토지 이용과 지속가능성을 연결하는 자기 학위논문 지도를 해달라고 너스레를 떨었다.

비교적 나이 적은 프리실라(Priscilla) 또한 늘 웃는 얼굴이다. 답사 동안 어떤 마을에서는 현지인인 어린 여자 어린이를 자기 동생으로 삼아 한동안 서로 손을 잡고 다니기도 했다. 말이 통하지 않아도 마음과 표정이 사람을 끌어당기는 것이다.

처음 만난 세 명의 가나 학생들과 누린 짧은 시간으로 나는 가나가 어떤 나라일지 무척 궁금해졌다. 그들을 저렇게 활달하게 만들어낸 문화의 힘은 무엇일까? 아프리카에 대한 내 잘못된 선입견을 흔들어놓는 만남이다. 나중에 가나에서 어린 시절을 보낸 한국 학생이 우리 연구실에서 공부를 하는 기회에 가나의 명랑은 일종의 국민성에 가깝다는 얘기를 듣는다.

인상적인 관경을 특별히 많이 본 사람으로서 스스로 찍은 사진들이 그다지 만족스럽지는 않다. 그래서 나는 작품성보다는 그 안에 담긴 사연을 상상하며 즐기는 것을 더욱 좋아한다. 다가오는 상상의 산물이 넉넉하지 않더라도 오랜만에 여유를 누리는 것만으로도 충분히 복이다.

이번엔 대학 답사단의 일정에 따라온 만큼, 달려가서 잠시 보고 또다시 달려가는 관광과는 달리 풍경을 살펴볼 마음은 넉넉할 것이다. 4박 5일, 이 만남 안에서 무엇을 읽어낼 수 있을 것인지 기다려보자. 나는 해가 서산 너머로 사라지자마자 사람들이 떠난 자리에 여전히 미련이 남았다. 어둠이 내리는 풍경과 떠나지 못하는 몇몇 젊은이들의 구김살 없는 모습을 망원렌즈로 끌어당기며 뭔가 건지려는 욕심을 달랬다. 어지간해서 인물 사진을 잘 찍지 않는 내가 그렇게 변한 까닭은 아마도 밝은 그들을 조금이나마 닮고 싶었던 것이리라.

다음 날 새벽엔 일출을 보러 갔다. 뒤이촌(多依村)으로 몰려든 사람들은 일몰 때보다 훨씬 더 많았다. 그런데 뒤이촌이란 이 마을 이름은 시상반나에서도 봤는데 하니족 사람들에겐 어떤 의미가 있기에 '많이 기대는 마을'이라는 한자로 표기했을까? 아무튼 뒤이촌에는 어제 일몰을 본 곳보다 여러 배 넓게 목재 전망대를 펼쳐놓았다. 그 전망대의 규모로만 봐도 일출의 인기가 훨씬 높겠다.

조금씩 여명이 다가오는 하늘에는 음력 스물엿새 달이 동쪽 하늘에 걸려 있다. 나는 발걸음을 늦추고 동녘을 향해 모여선 구경꾼들의 실루엣을 살짝 즐겨본다. 풍경을 향한 외지인들의 극성, 풍경이 만들어지기까지 쏟아진 소수민족들의 애환, 극명하게 대립되는 두 가지 사실이 내 마음 안으로 스며든다. 나는 금방 찍은 사진에 '그 안의 오래된 삶과 잠시 들여다보는 마음'이라는 제목을 달아본다. 그러나 그것은 짧았다. 풍경에 밀린 내 마음은 금방 어디론가 달아난다.

풍경에 몰두하는 동안 어느새 해는 동쪽 능선 위로 올라섰다. 돌아서는 길, 어린애들을 업고 계란을 들고 선 하니족 여성들을 만났다. 그들은 통제된 공간 안으로 들어서지 못하고 떠나는 관광객들을 기다리며 울타리 밖에 서 있었던 것이다. 계란을 사 주고 싶은 마음은 곤혹스럽다. 누구의 계란을 선택할 것인가? 어린이를 끌어넣는 가난한 상인의 마음에 아련해진다. 어린 시절 나도 할머니 따라 감을 팔기 위해 온종일 시장 바닥 한 귀퉁이에 앉아 있었던 적이 있어서다. 그 시간이 왜 그다지도 부끄러웠을까? 지내놓고 보니 스스로 어리석은 쑥스러움이었다. 엄마를 따라온 저 어린것도 부끄럽고 내키지 않는 걸음을 했을까? 나는 용기를 내지 못하고 그들로부터 멀어진 다음에야 후회한다. 여성들의 모습을 사진에 담았는데 드러내고 싶은 마음과 감추고 싶은 마음이 잠시 서로 견준다.

▲ 뒤이촌. 흙과 나무로 만들던 2층집을 시멘트 건물로 바꾼 다음에 초가를 올린 모습은 얼핏 봐도 어색하다. 그나마 관광객을 겨냥한 노력의 소산이라 봐줘야 할까 보다.
▼ 다랑논을 찾은 새벽 손님들에게 계란을 파는 하니족 아낙들과 애들.

위안양 따위탕 마을의 풍경 읽기
전통마을 경관과 논의 생태

　이제 우리들의 하루 일과가 시작된다. 애초에 자오 교수는 나를 토양 조사에서 제외했다. 그러나 나는 주어진 시간에 많은 경험을 하고 싶다는 욕심으로 토양조사 일에 넣어주길 당부했다. 그렇게 하여 오전 시간 토양투수력 측정팀에 합류했다. 세 교수와 학생 두 명, 짐을 옮겨줄 현지인 1명, 스리랑카인 헤라스(Herath) 교수의 부인으로 팀이 구성되었다.

　차로 이동하고 측정 장소까지 걷는 길은 그리 쉽지 않다. 그렇게 도착한 곳은 버려진 옛 차밭이다. 천이의 초기식물들이 차지한 경사지가 첫 조사지인 것이다. 칭화대학교 니(Ni) 교수와 유엔대학교 헤라스 교수는 각각 한문과 영어로 된 지침서를 읽으며 독일제 측정기를 맞추어나갔다. 이들이 수리공학 전공자라는 사실은 그 과정에 대략 짐작할 수 있었는데 내가 관여할 여지는 크지 않았다. 그들도 익숙하지 않은지 준비시간이 길어졌다. 나는 결국 지켜보기를 체념했다. 내게 맞는 것은 풍경 즐기기다.

　멀지 않은 맞은편 언덕은 온통 계단밭이다. 문득 한 떼의 사람들이 언덕 너머에서 머리를 보인다. 지켜보니 모두 여자들인데 어린 사내애도 한 명 있다. 어린 시절을 되돌아보면 풍경의 뒷면이 대충 그려진다. 어른들은 맡겨진 임무가 있고, 집에 혼자 남기엔 아직 어린 녀석은 그저 쫓아왔을 것이다. 힘겨운 일이 뭔지 모르는 녀석은 어른들이 괭이질을 하기에 앞서 혼자서 나부댄다. 머지않아 노동은 어른들의 몫이 되기 전에 꼬마 녀석이 제풀에 꺾이는 모습을 찬찬히 지켜보며 나는 방관자의 마음을

▲ 계단밭의 여성 노동자와 어린 소년

즐긴다.

토양의 물 침투 실험은 제대로 되지 않고 시간은 늘어진다. 점심시간이 한참 지나 현지에서 만난 학생과 일꾼만 남기고 우리는 따위탕(大魚塘)이라는 하니족 마을로 이동했다. 입구 안내판에는 한자 표기와 함께 큰 고기 연못(Big Fish Pond)이라는 뜻으로 영어 이름을 옮겨놓았다. 나는 잠시 원주민들 고유의 마을 이름이 제대로 담긴 한자 이름인지 궁금했다. 일본이 우리 지명을 자기들 멋대로 한자어로 붙이며 왜곡했듯이 하니족 마을을 주민들의 마음과 상관없이 한자와 영어로 부르고 있을지도 모른다.

점심식사를 마친 다음 자오 교수는 내게 사회조사팀에 남도록 권유했다. 버려진 차밭으로 되돌아가 봐야 마땅히 할 일이 없다는 사실을 나도

안다. 그리하여 학생들이 주민들과 면담을 하는 동안 내게는 자유시간이
주어졌다.

점심식사를 해결한 식당은 마을의 주거지 상단 경계에 있다. 그 위로
차도가 경사지를 가로지른다. 차도에서 마을로 진입하는 길 입구에 버
스정류장이 있다. 거기에 위안양 신제진의 버스 노선도와 마을길, 몇 개
의 중요 지점을 그려놓은 지도가 있다. 그 지도로 신제진 중심지에서 여
기까지 오는 길과 둘러볼 마을의 핵심을 대강 가늠하게 된다. 그러나 비
교적 시간이 넉넉해진 나로서는 그 지도를 아주 꼼꼼히 살필 이유가 없
어졌다. 우선 길을 따라 걸으며 마음이 가는 대로 공간을 스스로 익히는
편이 오히려 나을 것 같았다. 나는 버스정류장에서 경사지로 흘러내리는
길을 따라 걷는다. 금방 공동우물을 만나고, 작은 마을 안 논을 지나 마
을의 아래쪽 경계가 되는 숲띠와 그 안에 있는 또 다른 우물을 만난다.
숲띠를 벗어나자 작은 연못이 있고, 멀지 않아 노거수 한 그루가 저지대
에서 올라서는 길을 알리고 서 있다. 이 나무는 마치 우리의 동구에서 길
손을 맞는 정자나무와 비슷한 역할을 한다. 그 나무엔 금줄이 걸려 있어
마을 주민의 관심을 듬뿍 받고 있다는 사실을 드러낸다. 아마도 버스길
이 나기 전에 이곳이 동구, 곧 마을의 진입로였던 시절이 있었을 것이다.

곧 아래쪽에서 올라온 젊은 서양 남녀 한 쌍을 만났다. 말을 걸어보니
독일에서 왔다고 한다. 행로를 물어보니 쿤밍에서 버스를 타고 와서 재
키 게스트하우스에서 하루 묵고 왔다고 대답한다. "저 아래가 꽤 볼만
해." 하고 자기들이 거쳐 온 지역에 가볼 것을 넌지시 표현한다. '저 아
래까지 내려가 볼 것인가?' 자유시간이 주어지긴 했지만 남의 답사에 더
부살이하는 몸이라 조심스럽다. 도움이 되지 못할망정 혹시라도 진행에
지장을 줄 정도로 벗어나는 것은 곤란하다는 마음이 의식 저 아래 움츠

려 있다. 마을에서 약간 벗어나 있는 작은 숲 더미 가장자리에 앉아 잠시 마음을 추슬러 보기로 했다. 계단논 지적 곳곳에 남은 작은 숲들 중 하나가 잠깐 나만의 공간이 된다. 이 숲들은 기본적으로 농부들에게 그늘을 제공하는 휴식처가 되겠다. 더불어 생물들이 깃들고, 또 물을 넉넉히 품는 땅이 될 것임에 틀림없다. 이웃한 땅도 이 넉넉함을 누리는 과정이 있을 터이다. 작으나마 새들이 즐겨 앉고, 부식질을 제공하는 자연의 서비스를 베풀 수 있는 공간이다.

나는 마을을 올려다볼 수 있는 자리를 골랐다. 비탈의 등고선에 맞춰 층층이 자리를 잡고 있는 논둑을 따라가 보면 되겠다. 언제부터인가 논둑은 내 마음을 위무하는 공간이다. 무엇보다 그곳에 서면 먼 풍경을 조망할 수 있다. 신선한 바람에 온몸을 내맡기고 나만의 시간을 누릴 수도 있다. 출국 직전 남도의 봄을 보기 위해 몇 명의 지기들과 짧게 들렸던 전남 구례 운조루 앞에서도 나는 잠시 홀로의 시간을 탐했다. 일행과 떨어져 논둑을 타고 다니며 파릇파릇 시원한 보리밭과 한가로운 마을 풍경에 내 눈과 마음을 맡기는 시간을 가졌다. 이제 여기 하니족 마을, 경지정리가 되지 않고 온통 물이 고인 논 사이로 부드럽게 굽은 흙길에 나그네는 선다. 좁은 경로는 발길에 약간의 긴장감을 보태기에 더욱 좋다. 자칫 발을 헛디디면 신발을 흙탕 속으로 담가야 한다는 조심성이 마음을 붙든다. 더구나 돌이 전혀 없는 따위탕 논둑은 형언하기 어려운 감촉을 발바닥으로 보내기까지 한다. 나는 멀찍이 바라보는 다랑논들 안으로 논둑 걷기 행위가 언젠가 도시에 찌든 몸을 달래는 새로운 관광 상품으로 등장할 것으로 기대한다. 사람들의 방문이 지나쳐 논경지가 훼손되거나, 농부의 일을 방해하지 않는 범위 안에서 논둑 걷기 프로그램은 개발해볼 만한 일이다. 호젓한 걷기는 더욱 매력 있는 값진 기회가 되겠다.

모내기철이 다가오고 있는 시절이라 논에는 물이 넉넉하게 담겨있다. 그 안에서 노닐고 있는 붕어와 송사리로 보이는 물고기들이 가끔 보인다. 논둑에서 몸을 말리는 몇 마리 오리는 갑자기 나타난 나그네로 긴장하는 모습이 역력하다. 무슨 연유인지 지나쳐가는 논둑에는 여러 마리 가재 사체가 널부러져 있다. 논이 오염되지 않는 수서생물들의 공간인 줄 알겠다. 논둑을 타고 조금씩 마을로 다가서는 내 발길은 문득 만난 색다른 생물 앞에 멈춘다. 쉴 틈 없이 물 위에 동그라미를 그리며 빙빙 도는 앙증맞고 까만 곤충이다. 어린 시절 고향 논에도 수없이 많았다. 아, 얼마 만인가? 우리는 그 생명을 능금쟁이라고 불렀는데 실상은 맴도는 습성을 따서 '물맴이'라는 이름을 지닌 곤충이다. 그 생명은 지난 수십 년 동안 고향 땅에서 깡그리 사라졌다. 1994년 여름 울산 무제치늪을 다녀오는 비탈길가 작은 물길에서 잠시 만난 적이 있을 뿐이다. 그리고 기억에서 사라졌던 추억의 생물이 이곳 하니족 마을의 다랑논에서 다시 내 앞에 다가온 것이다. 아마도 농약과 비료를 사용하지 않는 덕분에 이 생명은 이 땅을 떠나지 않고 여유를 부리고 있는 터이다. 아직은 청정마을이라는 뜻이다.

사람들의 노고가 만든 다랑논, 그곳에 고인 시간만큼 깨끗한 물은 사람들 가까이 머물러 있는 셈이다. 굳이 연구해보지 않아도 논에서 생산되는 유기물과 무척추동물, 물고기, 새(오리 포함)로 이어지는 먹이사슬 과정을 상상할 수 있다. 나중에 중국 학생들에게 왜 개구리와 뱀을 만나지 못했는지 물어보니 아직은 개구리 철이 아니고, 뱀은 만나지 못했을 뿐이라고 대답했다. 모내기 철 밤이면 고향 마을 어둠을 지배하던 개구리 소리를 상상해보면 뭔가 출현 동시성에 차이가 있을까? 고도 1,800m라는, 하니족 사람들의 마을 땅속은 아직 차가워 개구리는 모내기 철에도 겨울잠을 자고 있나 보다.

풍경은 몸과 마음의 여유가 있을 때 비로소 의식 속으로 들어오는 법이다. 멀찍이 바라보니 숲에 잘 에워싸진 따위탕 마을이 비로소 눈에 들어온다. 하니족의 마을을 만드는 마음에는 우리 조상들과 닮은 데가 있는 줄 알겠다. 우리 선조들은 풍수 이론을 빌려 기필코 감싸는 산줄기 안의 공간을 명당이라 하여 마을 터를 잡고는 낮은 곳과 빈 곳은 숲으로 가리려 했다. 하니족 사람들은 산줄기 대신 마을을 온통 잘 가꾼 숲으로 둘러놓았다. 마을 안에서 그 닮은꼴을 이미 알아챘을 만도 한데 나는 그러지 못했다. 조망하면서야 비로소 알 수 있는 사물이 있는 줄 알겠다.

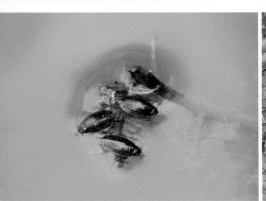

▲ 다랑논에서 만난 생물, 오리
▼ 다랑논에서 만난 생물, 물맴이(왼쪽)와 죽은 가재(오른쪽)

자연의 이치가 전달된 생태지식
물은 숲에서 나온다는 하니족 사람들

우리 전통마을은 산줄기로 잘 에워싸져 있는데, 분수계가 잘 갖추어진 유역 안에 터를 잡으려던 노력의 소산으로 나는 해석한다. 그 유역은 한쪽이 터진 물그릇 모양이다. 그 구조의 터진 곳을 잘 다스린다면 물을 보관하고 바람으로부터 물이 증발하는 양을 줄이는 효과가 있다. 그런데 하니족 사람들은 굳이 유역 안에 자리를 잡지 않았고, 마치 새둥지처럼 포근하게 쌓인 형태로 마을을 가꾼 것이다. 여기에 산줄기 대신 숲띠로 마을을 감싸서 사기(邪氣, 아마도 마을에 이롭지 않은 모든 기운을 통틀어 부른 용어일 것이다)를 줄이고, 바람이 물을 앗아가는 증발을 줄이도록 한 속셈이 엿보인다. 이들의 이런 마을 양식이 자기들만의 전통지식에서 비롯된 것일까? 한족의 풍수에 영향을 받은 것일까?

언제부터인지 모르겠으나 하니족 사람들은 물이 숲에서 나온다는 믿음을 가지고 있다. 산신수(山神水)라는 한자 제목 아래 한문과 영어로 쓰인 공동우물가의 안내판에서 읽은 내용이다. 책의 앞부분에서 관련된 원리를 소개한 적이 있지만 상기하는 의미에서 짧게 요약해보자. 숲이 생산한 유기물(부식질)은 토양의 떼알(aggregate) 형성을 통해 빈틈을 넓히고 그 틈은 수분보유능력을 높인다. 그렇게 숲이 땅을 넉넉한 물의 저장고로 변모시킨다는 사실은 오늘날 토양학에서는 상식이다. 비가 올 때 숲 토양에 간직된 물이 해가 나는 날에도 지하를 통해 조금씩 흘러나오는 자연의 이치를 하니족 사람들이 오래전부터 알았다는 뜻이다.

그뿐만 아니라 단위 토지면적 위에 숲이 넓히는 표면적은 지나가는 바

▲ 물이 숲에서 나온다는 하니족 사람들의 믿음을 소개한 안내판

람을 재우고 밤 동안 상대적으로 낮은 온도로 수증기를 포착하는 데 기
여한다. 그런 까닭에 개인적으로 몇 년 전부터 밤이면 기온이 내려가고
표면적이 넓은 숲은 이슬을 받아 뭇 생물의 갈증을 해소하는 역할을 할
것이라는 가설을 가지고 있다. 이 가설의 실증적 검정은 아직 엄두도 못
내고 있다. 다만 최근에 호주와 미국 전문가들의 안정성 동위원소 연구
로 연강수량의 26~34% 정도의 물이 구름과 안개에서 공급되고 안개가
숲의 토양 미생물 활동도를 세 배 정도 높인다는 사실을 밝힌 논문을 몇
편 확인했다(이도원 등, 2016).

물은 숲에서 나온다는 하니족 사람들의 오래된 믿음은 문자가 없는 그
들이 익힌 자연의 이치가 세대를 거쳐 전달된 생태지식인 것이다. 우리
전통마을의 뒷산에 있는 숲들도 단위 토지면적에서 공기에 노출되는 넓
은 표면적을 가지고 있다. 그런 만큼 마을을 에워싸는 산줄기와 숲은 그
런 구실을 분명히 해왔을 것으로 믿는다. 다만 마을을 감싸는 숲이 얼마

나 많은 수증기를 포착하는지 아직 실증적인 자료를 만들지 못하고 있는 것이 현실이다. 무엇보다 포착 정도는 지역마다 다를 것이라는 내 주장이 힘을 얻자면 언젠가는 우리 스스로의 자료를 마련해야 할 것이다.

마을을 벗어난 나는 오른쪽으로 조금씩 논둑길을 따라 옮겨간다. 옆에서 마을의 구조를 대략이나마 가늠해보고 싶은 것이다. 역시 마을은 전체적으로 숲으로 잘 감싸져 있는 모습이 잘 보인다. 다만 다랑논 공간은 마을 바로 앞에서 아래로 이어져 있다. 마을 아래 부분이 터져 있는 셈이다. 이곳의 사연이 궁금하다. 우리 시골 마을에서 그렇게 일부분이 터진 경우는 상당 부분 식량증산 운동에서 비롯되었다. 마을을 포근히 감싸던 기능보다 식량증산이 우선이던 마음이 만든 변화이다. 그러면 따위탕 마을에도 비슷한 역사가 있는 것일까? 아니면 그 부분은 애초부터 비어 있어도 좋다고 보고 이룬 마을일까?

다시 마을을 거쳐 처음 마을에 당도하여 차에서 내린 버스정류장 가까이 돌아왔다. 길 위로 바투 붙은 넓은 잔디밭이 있었고, 그 위로는 정상까지 덮는 숲이 있다. 그 잔디밭은 중학생 때 배운 외국 노래에 붙였던 가사를 생각나게 하는 모습이다. '옛날에 금잔디 동산에 매기 같이 앉아서 놀던 곳….' 고향 마을에도 여름밤이면 거의 어김없이 사람들이 더위를 피해 모이던 잔디밭 동산이 있었다. 그 동산은 이제 사람들의 발길이 끊기면서 쑥대밭이 되었으나 여긴 사람들과 소, 닭들이 여태껏 즐기는 공간인 줄 알겠다. 이렇게 마을엔 젊은 사람들이 함께 살아야 생기가 있는 법이다.

버스길 아래로 집들과 길, 집집마다 갖추어진 텃밭, 우물, 작은 못, 광장, 마을 안 논이 차지하고 있는 사람들의 생활공간이다. 아마도 마을 귀퉁이에 있는 생태주차장이라는 이름의 공간은 관광객들이 늘어나면서 나

▲ 위안양 신제진의 아침 안개. 이 안개는 저 아래를 흐르는 훙허(紅河)에서부터 피어오른다.
▼ 따위탕 마을 아래 부분 숲이 터진 모습

중에 보탠 공간일 터이다. 마을의 핵심이라고도 볼 수 있는 이 공간들의 기능을 하나씩 챙겨보는 것도 연구거리가 될 것이다. 그런 핵심 공간은 전체로 묶여 숲으로 잘 에워싸져 있고, 그곳 아래로 벗어나면 한 그루 묵직한 고목이 서 있다. 마치 우리의 동구나무처럼 금줄이 쳐져 있다.

비탈의 오목한 곳은 논, 볼록한 곳은 숲
마을 연못과 습지의 오수정화 효과

버스정류장에서 경관 구성의 대강을 짐작한 나는 다시 마을로 접어들어 연못들을 하나씩 살펴보기로 했다. 우선 뒷동산 왼쪽에 꽤 넓은 오목 지역을 차지하는 습지가 있다. 물이 깊지 않고 대부분의 물을 식물이 덮은 것이 특징이다. 비가 오는 계절이면 물은 이 공간에서 잠시나마 머물 것이다. 마침 그곳에서 한 젊은이가 오리를 모느라고 돌을 던지고 고함을 지르며 한적한 마을의 정적을 깬다. 아마도 똥을 누는 오리들이 상류로 와서 쫓아내는 것 같다. 습지의 물길은 버스길 아래로 이어졌다. 길을 건너 내려다보니 깊어진 계곡의 나무들 뒤로 서너 개의 작은 연못들이 보인다. 높은 나무줄기에도 이끼가 짙다는 것은 공기 중의 수분이 넉넉하다는 징표다. 아침이면 저 아래 강에 안개로 피어오르고, 이끼는 수증기를 머금으며 삶을 누릴 것이다. 연못물은 온통 누런빛이다. 높은 곳을 씻어 내린 흙탕과 녹아 있는 유기물(전문용어로 용존유기물, dissolved organic matter) 때문에 그렇게 보이겠다. 그 물은 사람의 눈으로 보면 더럽고, 그 속에 사는 생물들의 처지에서 보면 훌륭한 먹이자원을 품은 서식지다. 습지에서 흘러내린 물은 그곳에서 유속을 잃고 생물들의 먹이가 되는 과정에 정화되리라. 그리고 마을 아래 땅으로 스며들어 우물의 수원으로 거듭나겠다. 하니족 사람들이 믿는 대로 숲에 물이 나올 역량은 그곳에 연못이 있어 향상되는 것이다.

그렇게 위에서부터 아래로 마을 속에 숨어 있는 연못을 더듬으며 걸음을 옮겨 다시 마을 아래 입구를 잠시 벗어났다. 논일을 끝내고 돌아오는

▲ 마을 위쪽 습지. 습지 가운데의 나무 왼쪽으로 젊은 남자 한 사람이 서 있어 크기를 대략 짐작할 수 있다.
▼ 마을 가운데 있는 연못

▲ 밖에서 본 마을 입구 신목 근경
▼ 안쪽에서 본 마을 입구 신목 원경

주민이 쟁기를 짊어지고 동구나무 아래를 거쳐 느릿느릿 올라온다. 힘든 시간을 보내고 지친 몸을 이끌고 집으로 돌아가는 마음이 잠시 내 마음을 스쳐간다.

다음 날 오전의 조사지역은 취안푸좡(全福庄) 마을이다. 기대했던 대로 내게는 특별한 임무가 없다. 가슴 벅찬 자유가 다시 시작된다. 어제와 마찬가지로 혼자가 되는 즉시 마을을 조망하는 일부터 시작하기로 했다. 역시 찻길은 위쪽에 있으니 마을 아래로 내려가 보면 되겠다. 여기 온 다음 대략 몇 개의 마을을 스쳐 지나고는 형국을 그려본다. 마을과 마을을 잇는 길은 산중턱으로 그어져 있고 마을들은 하나씩 커다란 방울처럼 그 길 아래로 매달려 있는 듯하다.

마을 오른쪽 끝을 벗어나는 시간에 아주 작은 손길의 흔적이 내 마음을 끈다. 흙을 넣어 논 귀퉁이를 조금 돋우고 그 위에 토란과 미나리를 심어놓았다. 그곳은 마을에서 흘러내린 오수가 모여 아주 작은 폭포처럼 떨어지는 위치다. 면적은 한 평도 되지 않겠다. 이것이 전통의 산물일까? 아니면 현대지식을 갖춘 사람이 보탠 것일까? 나는 잠시 몇 가지 상상을 해본다. 어느 쪽이든 논과 다른 형태의 습지가 가진 오수정화 효과를 짐작하는 사람이 마련한 공간이다. 그곳에서 가정오수는 미생물에 의해서 분해되고, 분비된 무기영양소가 토란과 미나리에 흡수되면서 물은 정화되는 것이다. 뒤를 받치고 있는 작은 절벽은 그 공간에서 적당한 온도가 유지되는 데 한몫할 것이고, 튀겨지는 물은 공기와 접촉하면서 산소공급도 어느 정도 이루어지리라. 그래서 오수의 분해가 촉진되리라. 혐기성보다는 공기가 필요한 호기성 미생물의 활동이 더 원만하기 때문이다.

어느새 내 발길은 논들 사이로 뻗어 있는 길로 들어섰다. 그곳은 양쪽

▲ 마을 아래 논 귀퉁이에 있는 가정 오수 정화습지(↓)

으로 넓은 다랑논의 공간보다 약간 볼록 솟은 곳이다. 일찍이 마을을 찾은 사람들이 경사지의 오목한 지역에는 물을 담는 논을 만들고, 볼록한 부분엔 숲으로 남겨두며 숲을 따라 길을 내었겠다. 그 길은 아래 지역과 소통하는 통로인 것이다. 그곳을 오가며 멀리 조망하고 때로는 남아 있는 숲에 앉아 땀을 식혔을 것이다. 덕분에 나는 그 길에 들어서 넓은 땅을 한눈에 바라다볼 수 있다.

멀리 마을 쪽에서 등에 걸망태를 짊어진 한 여성이 논들 사이로 이어진 길을 살랑살랑 손을 저으며 내려오고 있다. 넓은 다랑논 가운데 오직 홀로 움직이는 한 점 실체가 마음을 잔잔히 흔든다. 우리 땅에선 보기 쉽지 않은 이색적인 풍경이다. 여자 혼자 저 넓은 다랑논들을 지나 어디로 무엇을 하러 가는 것일까? 한동안 그 여성은 내 사진기의 표적이 된다. 여성은 내가 내려온 둔덕을 가로질러 마을이 보이는 공간을 벗어난다. 짧은 중국말 인사를 해보지만 이방인은 그다지 새로울 것도 없다는 듯이 가던 길을 간다. 나는 먼 공간을 즐기는 한편 그 여성이 개미처럼 보일 때까지 가끔씩 찾아보며 느릿느릿 시간을 보낸다. 결국 저 멀리 맞은편 산자락의 작은 논에 이르러서야 그녀는 멈춘다. 나는 이곳에 와서 여성들끼리 또는 혼자서 논과 밭에서 일하는 모습을 자주 본 듯하다. 우리 농촌의 남성과 여성의 역할 분담과는 다른 어떤 것이 있다는 뜻이다.

이 무렵 맞은편으로 멀리 보이는 마을 하나가 내 눈길을 끌었다. 역시 버스길에 매달린 방울처럼 비탈에 자리를 잡은 마을이다. 집들이 잘 보존된 둥근 숲에 에워싸인 모습이 전날 살펴보았던 따위탕 마을이나 지금 올려다보고 있는 취안푸좡 마을보다 훨씬 뚜렷했다. 계절이 숲의 색깔을 바꾸어 내게 공간을 쉽게 구분하도록 도와준 것 또한 행운이다. 산줄기와 숲으로 잘 에워싸인 공간을 선망하던 우리 전통마을 사람들과 닮은 사람들이 그곳에 살고 있겠다. 이 무렵 나는 점심을 먹은 다음, 걸어서 계곡을 지나 그 마을까지 갈 마음을 혼자서 키우고 있었다. 숙소와 가까운 곳이라는 그쯤은 짐작하고 있었다. '마을을 보고 혼자 걸어서 숙소까지 가겠다'고 주장할 심산이었다.

다시 내 발길은 마을 아래 사다리처럼 층을 이루고 있는 다랑논들 사이로 들어선다. 작은 생물들과 오리를 만나고, 지나가는 사람을 가뭄에 콩 나듯이 스치는 한적한 시간은 이제 예사가 되었다. 멀리 지나가는 여성을 망원렌즈로 끌어당기니 얼굴을 가린다. 뒤태를 보이는 여성을 쫓으며 나는 문득 다시 돌로 축대를 쌓은 논을 만났다. 온통 흙뿐인 이곳에서 돌 논둑은 흔치 않다. 생물에게는 그곳이 색다른 공간이다. 역시 내 눈에

▲▼ 다랑논들 사이를 혼자 가는 아낙(↓). 능선에 서서 각각 마을 쪽과 반대쪽에 있을 때 찍었다.

도 색다른 식물들이 보인다. 그동안 나는 틈이 숭숭 있는 돌담은 작은 생물의 특별한 서식공간이 된다고 주장해왔던 바이다. 천적으로부터 쉽게 몸을 감출 수 있는 틈도 있을뿐더러 아침 햇살이 비치는 시간이면 다른 곳보다 빨리 따뜻해질 터다. 그러나 따가운 햇볕도 몰아치는 찬바람도 닿지 않는 곳이라 온화한 환경이 되겠다. 그런 돌 축대는 몸집이 작은 생물들이 행복해질 안성맞춤의 공간인 것이다. 우리의 옛 돌담과 돌로 쌓은 축대가 그런 곳이었다.

물이 고인 그 논가에서 한 명의 청년이 논둑을 타고 다니며 물속의 무언가를 몰고 있다. 아마도 제법 큰 물고기가 보이는 모양이다. 우묵 들어간 논 귀퉁이를 지나치며 나는 한 떼의 물맴이를 다시 만났다. 어제 만났던 녀석들보다 숫자가 훨씬 많다. 나는 한참 물맴이 떼를 사진기에 담으려고 온몸을 가다듬는다. 녀석들은 사진기가 다가가면 놀란 듯 빠르게 동그라미를 그리는 단체 활동에 들어간다. 가만히 숨죽이고 있으면 다시 물풀을 중심으로 모여든다. 나는 흔들림이 없는 사진을 하나 챙기고 싶었다.

문득 전화기를 보니 그 사이 자오 교수의 전화가 여러 번 와 있다. 빨리 돌아오라는 문자도 있다. '아니, 11시까지 돌아와도 된다고 들었는데….' 전화를 해보니 교수들 일부는 오후 비행기로 북경으로 떠날 예정이라 이른 점심을 먹어야 한다는 것이다. 일행과 꽤 멀리 떨어져 있는 위치인 것을 알고 있어 마음이 다급해진다. 고도 1,800m 경사지를 타고 오르는 내 발걸음에 호흡은 가쁘다. 헐떡거리며 기어올라 15분 만에 일행들이 기다리는 곳에 닿았다. 내 모습을 확인한 학생들은 환호를 지른다. 이때부터 나는 일단의 사람들에게 들(field)을 좋아하는 교수, 어디론가 사라지는 사람이라는 별명을 얻었다.

수구를 가리던 숲띠의 흔적을 더듬는 시간
퇴색해가는 동구 밖 숲의 의미

점심식사를 마치고 일본과 북경에서 온 교수들과 자오 교수는 먼저 답사지를 떠났다. 남은 일정을 함께할 일행은 모두 소형버스 하나로 이동이 가능한 열세 명이다. 우리를 태운 미니버스는 내가 겨냥했던 곳인 칭코우(菁口) 마을로 들어섰다. 그곳이 학생들의 다음 조사지였던 것이다. 계곡 아래로 내려가 보지 못한 아쉬움은 있지만 되돌리기엔 늦었다.

마을 입구 주차장에 내려 몇 장의 사진을 찍을 때 인솔 교수인 모리가 내게 다가왔다. 바로 주차장 위에 붙어 있는 그 숲, 곧 마을을 에워싸는 숲은 성림(sacred forest)이니 들어가면 안 된다고 알려준다. 하니족 학생과 얘기를 해봤는지 조금 있다가 그는 다시 와서는 사진은 찍어도 되지만 절대접근금지 지역이라는 사실을 재차 숙지시킨다. 원주민들에게는 특별한 의미가 있겠다는 생각을 하던 나는 그의 엄숙한 권고에 다시 마음을 다잡을 수밖에 없다.

나는 늘 그러하듯이 곧장 마을 바깥으로 벗어나 보기로 했다. 오전 내내 맞은편에서 바라본 다랑논으로 들어서면 더 넓고 다양한 요소들을 조망할 수 있을 터이다. 마을을 벗어나자면 당연히 경계를 거쳐야 한다. 경계는 낮은 지대로 우기가 오면 물이 흐를 개울과 숲이 함께 어우러져 있는 곳이다. 개울가엔 숲이 잘 유지되어 있고, 모리가 경고하던 대로 엄중한 통제의 말을 남겨놓았다. 통고문에 포함된 글(违者罚款 50-500元)에서 어기는 자는 50~500위안의 벌금을 물리겠다는 뜻은 알겠다. 나는 그 숲으로 들어가지 않을 마음을 더욱 다잡으며 뚜렷이 나 있는 길을 따라 마을을 벗어난다.

그 길은 결국 논둑을 걸어 마을 내부를 돌아 중요한 지점들을 거쳐 다가가는 용담으로 이어졌다. 그렇게 먼저 와 있던 학생 일행들과 잠시 합류한다. 용담에서 흘러나오는 물은 맑은 보석처럼 깨끗하고 시원하다. 숲으로 수원을 잘 보호하고 있으니 그럴 만도 하다. 다만 문명의 혜택을 입어 바뀐 조잡한 시멘트 둑이 거슬린다.

마을에서 점점 멀어지는 만큼 나는 유역의 중심 물길과 어제 오후에 노닐었던 따위탕과 오늘 오전에 본 취안푸좡 마을에 가까워진다. 두 마을은 계곡을 가운데 두고 칭코우 마을과 서로 마주 바라보는 비탈에 있는 것이다. 칭코우 마을 밖의 들에 서 있던 나는 아쉽게도 계곡의 아래쪽을 볼 수 없었다. 이제 벌판 한가운데 작은 집 하나가 작은 숲과 함께 있

▲ 용담과 그곳에 먼저 와 있던 일행

는 풍경을 만났다. 왜 여기에 외톨이처럼 삶의 터를 내렸을까? 뭔가 어려운 한 가족이 마을 중심에 들어서지 못하고 외롭게 가난한 삶을 꾸려가야 하는 사연이 있는 것이 아닐까.

계곡에서 다시 마을로 가까이 다가가며 뒤와 좌우를 잘 에워싼 숲을 바라본다. 우리의 수구에 해당하는 마을 앞이 훤히 트여 있다. 이 풍경이 아무래도 마음에 걸린다. 우리 조상들은 늘 산줄기로 잘 에워싸진 유역 안에 마을이 자리 잡길 바랐고, 어른이 있는 마을에서는 기필코 열려 있는 동구를 숲으로 가리려 했다. 그래서 '수구막이'라는 이름이 전해지고 있다. 그런데 칭코우 마을은 그 수구 앞을 비워놓았다. 왜 옛 마을과 달리 마을의 뒤와 옆은 숲으로 잘 에워싸여 있고 앞부분은 열려 있을까? 그런 의문을 안고 마을 아래쪽에서 다가가 본다. 역시나 마을 양쪽 숲길의 끝부분을 잇는 위치의 논둑에 띄엄띄엄 나무들이 있다. 일부는 둥치가 싹둑 잘렸지만 우리의 수구막이처럼 마을 앞을 잘 가리던 숲띠가 유지된 시절이 있었겠다. 내 막연한 짐작이 거의 확신으로 바뀐다. 이 변화는 우리의 전통마을처럼 세월이 흘러 하니족 후손들의 마음도 흩어지고 있는 현실을 말하는 것이 아닐까?

수구를 가리던 숲띠를 기대하며 흔적을 더듬는 시간에 나는 흥미로운 모습 하나를 발견한다. 아래쪽 가운데 지역에서 마을로 진입하는 곳에 특이한 손길이 미친 징표가 있다. 계단 길 오른쪽으로 한 그루 나무가 있고, 그 나무 아래 돌로 축대를 쌓았다. 축대 위에 무언가를 놓을 수 있는 작은 공간을 마련하고, 뒤쪽에 새 깃을 네 개 꽂았다. 시멘트를 아무렇게나 발라놓은 거친 솜씨가 마음에 걸리기는 하지만 이곳이 사람의 특별한 배려가 있는 장소인 것이 확실하다. 결과적으로 마을 앞을 가리는 숲과 그 숲에 다가서는 장소에 대한 주민들의 특별한 관심이 있었다고 봐

▲ 일찍이 숲띠가 있었던 것으로 추측되는 마을 앞 논둑
▼ 아래쪽에서 마을로 진입하는 입구의 의식 장소로 추측되는 곳. 나무 아래 발라놓은 시멘트 뒤쪽의
까만 부분이 네 개의 새 깃이다.

도 된다.

　세월과 함께 그 장소의 의미가 퇴색되는 징후를 발견한 내 마음 한 편에는 우리 마을 동구의 변모가 겹쳐진다. 우리의 동구에도 숲 또는 커다란 나무와 함께 장승이나 돌탑을 세워놓고 외지로 가고 올 때 잠시 마음을 가다듬는 시간을 가지곤 했던 적이 있다. 그러나 이제 그런 관습과 풍경은 퇴색되었다. 나중에 하니족 출신 학생에게 사진을 보내 이 부분에 대한 설명을 기대해봤으나 그녀는 적절한 정보를 주지 못했다. 소수민족의 마을에서도 우리나라와 마찬가지로 흘러가는 세태를 막을 수 없으나 가치로운 모습이 흔적도 없이 사라지기 전에 기록은 해놓는 것이 현명한 처사일 터이다.

　나중에 량 교수는 현지인에게 사연을 알아봤다. 그것은 환자의 병이 낫기를 빌었던 하니족 의식의 남긴 흔적이라 했다. 하필 왜 마을 입구에서 그런 의식이 이루어졌을까? 지난날 우리의 전통마을 동구에 흔히 돌탑이 있었고 거기서도 비슷한 절차가 있었다. 아마도 나쁜일이 통로를 따라 마을로 진입했다고 여긴 것이 아닐까?

여정을 마무리하며
지속가능한 마을로의 한 조각 희망을 품은 땅

두 번의 장거리 답사를 다녀온 다음 쿤밍 생활은 그저 휴식이었다. 그럴 수 있었던 기회가 다행이었다. 윈난으로 오기 전 일상에서 피로가 쌓여 내 생각의 흐름은 어디선가 막혀 있었다. 시솽반나를 다녀오고 3주가 지난 어느 날 전자우편으로 한 편의 시가 날아왔다. 그렇게 날아온 뜻밖의 내용은 뭉그적거리던 나를 자극했고, 막혔던 생각이 뚫렸다. 덕분에 여기까지 글은 단숨에 붙어났다.

산밭의 돌멩이 하나도

산밭을 일구다가
골라내도 끝이 없는 돌멩이와 싸우다가
계절이 한 바퀴 돌고 나서야
내 어리석은 열심을 뉘우쳤다

자갈 하나 없이 정갈한 산밭은
햇살에 가물어 쩍쩍 갈라지고
싹들은 누렇게 시들어가고 있었다

나는 오래된 산밭의 파릇하고
생기 찬 싹들을 유심히 살펴보다가

다시 굵직한 돌멩이들을
산밭에 심어가기 시작했다

경사지고 물 없는 산밭에서
돌들은 골칫덩어리가 아니라
밤이면 별빛을 모아 이슬을 맺히게 해
싹들의 뿌리를 적셔주는 것인데

동그랗게 돌아가는 우주의 눈으로 보면
쓸모없는 듯한 산밭의 돌멩이 하나도
다 생각이 있어 거기 있고
다 창조를 위해 제자리에 있고
내가 알지 못하는 신비의 관계 속에
무언가 은밀한 일들을 하고 있으니

세상에 골라내 버려야 할
하찮고 쓸모없는 것은 아무것도 없다고
다만 제자리를 지키며 돌아가는 것뿐이라고

박노해, 「숨고르기」

희한하게 내가 관심을 가지고 있는 생태적 현상을 시인이 지적하고 있
다. '오래된 산밭의 파릇하고 생기 찬 싹들을 유심히 살펴보다가' 이렇게
시인이 생태적 과정을 눈치챘듯이, 긴 세월 자연에 기대어 살아내야 했

던, 그래서 뭇 생물의 삶에 대한 이해가 더욱 절실했던 사람들이 익힌 생태적 지식도 있는 것이다.

사실 나는 지난 몇 년 동안 우리의 뒷산에 맺히는 이슬이 숲과 마을을 살리는 기운이라는 가설을 안고 있다. 풍수에서 애써 주장하는 배산임수는 건조한 봄에 이슬을 충분히 얻기 위한 조건이며, 봄 이슬로 삼라만상이 생기를 얻는다는 말이다. 위안양 답사는 묵혀둔 그 가설이 하니족 사람들의 오랜 믿음과 닮은 데가 있다는 사실을 확인하는 기회였다. 마을을 잘 에워싸고 있는 따위탕과 취안푸좡, 칭코우의 성림은 밤 동안 빠르게 식고 넓은 표면적을 제공함으로써 박노해 시인의 산밭의 돌 이상으로 갈증해소라는 혜택을 베풀 것이 틀림없다.

그러면 시인의 눈에 비친 대로 돌들이 '이슬을 맺히게 해 싹들의 뿌리를 적셔주는' 효력이 얼마나 될까? 또한 우리 뒷산의 숲과 하니족 마을의 숲에서 맺히는 이슬의 효력은 어느 정도일까? 나는 그 효과를 실증하는 일은 현대과학의 은혜를 입은 사람들에게 맡겨진 숙제로 본다. 이 글에서 그 효과의 일부는 서양의 연구결과로 소개했지만 아직은 우리 땅에서 검정을 해야 확고한 믿음으로 바뀔 수 있는 가설로 남아 있다. 이렇게 미지의 세계에 대한 답사는 새로운 공부거리의 실마리와 함께 숙제를 안겨주는 데 묘미가 있다.

이제 윈난을 비추어 내 땅을 생각해본다. 전통사회에서는 시골과 도시가 그런대로 물질적인 보완관계를 맺으며 지속가능했다. 시골과 도시가 생산하는 서로 다른 산물을 교환하며 부담 없는 관계를 유지했기 때문이다. 그러나 1950년대 이후 우리의 시골마을에서 수많은 사람이 도시로 삶의 거처를 옮겼다. 남은 사람들도 대부분 소 또는 농토를 팔아 자식을 공부시키겠다는 의지가 확고했다. 그 결과 시골은 훨씬 덜 지속가능한 모습으로 바뀌었다. 한편 스스로 필요한 자원을 자기 땅에서 생산하지 못하는 도시는 지속가능한 발전과는 매우 거리가 먼 꼴이다. 바깥에서 들어오는 자원을 막아버리면 더는 삶이 유지될 수 없다. 우리는 시골과 도시가 함께 지속불가능한 체계를 닮아가는 이 현실의 문제를 어떻게 풀어야 할까? 보완관계를 가지기 전에 서로 어느 정도 독자적인 힘을 먼저 갖추는 것이 급선무다. 윈난 남부에서 겨우 시골의 지속가능성을 뒷받치고 있는 삶의 일부분을 확인한 정도가 내가 얻은 교훈인 셈이다.

그렇게 윈난에서 지속가능한 공간경영의 한 보기를 만난 것은 나름대로 의미가 있다. 그런데 지속가능한 세계, 그 바깥세상이 지속가능하지 않으면 어떻게 할 것인가? 시솽반나의 부랑족들과 위안양의 하니족은 고립된 세상으로 지속가능할 수 있을까? 이 질문은 가끔씩 내가 던져보는 개인적인 궁금증에 닿아 있다. '내가 굳이 대학공부를 하지 않고 고향 땅에 농부로 눌러앉았더라면 더 행복한 마음을 유지할 수 있을지도 모른다.' 결국 나는 이 질문에 긍정적이지 않다. 그랬더라면 어쩔 수 없이 친구들과 나를 비교하는 과정에 마음의 행복은 무너지지 않겠는가?

소수민족의 마을에서는 이미 요란스러운 도회를 부러워하며 행복한 마음이 위협을 받고 있다. 하니족 사람들의 삶은 작은 공간의 지속가능한 모습일 수는 있어도 범세계적인 모델이 되기는 어렵다. 화려한 도시로 향한 꿈을 가진 젊은이들에겐 조상의 땅이 결코 매력적인 삶을 보장하는 터가 아닐 것이다. 비록 지금까지 지속가능성을 유지해왔더라도 변화의 기운이 다가서고 있는 것이다.

답사 말미에 서두르며 짧은 만남으로 헤어졌던 □족 마을 지치에(計丑)에서 나는 현지인에게 질문을 해보았다.

"자식이 고향에 남는 것을 환영할 것인가? 아니면 도시로 유학을 보낼 것인가?"

내 질문에 대한 주민의 직접적인 대답은 듣지 못했다. 대신에 다음 사항을 확인했다.

"20% 정도의 애들이 도시로 나가서 공부를 하고 있다."

이 대답으로 나는 지금부터 30년 아니 10년 후 하니족 사람들의 마을도 크게 바뀔 것으로 예상한다. 윈난에 머물며 지속가능한 마을 사례라는 한 조각 희망을 엿보긴 했으나 여전히 풀어야 할 더 큰 숙제를 안고 있다는 사실을 확인한 것이다.

05

생태도시와 생태공동체 마을 탐방

호주의 크리스탈워터스와 시드니

2005년 12월 17일부터 24일까지의 이동경로

17일 시드니 〉 브리즈번

18-20일 크리스털워터스 〉 쿄란쿄브리조트 〉 브리즈번

21일 멜버른

22-24일 시드니

2005년 연말 환경운동연합에서 운영하던 생태도시 위원회에 참여하면서 호주의 일부 도시를 살펴볼 기회가 있었다. 처음 들른 곳은 생태공동체 마을이라고 불러도 좋을 크리스털워터스(Crystal Waters)다. 그동안 우리나라의 전통생태를 공부하며 관심이 새록새록 자라나며 특별히 가보고 싶던 곳이다. 그리고 차례로 브리즈번 일대와 시드니에 있는 조경 공간들을 살펴봤다.

시드니 공항에서 본 녹지 바닥
토양 수분을 관리하는 손길

12명의 일행이 입국신고를 마치는 데도 시간이 꽤 걸린다. 먼저 나온 나는 뒤에 올 사람들을 기다리며 공항 앞의 공간에 잠깐 나가 보았다. 2~3m 높이의 긴 대나무를 얼기설기 엮은 울타리가 눈에 들어온다. 그 안에는 사람들이 모여 앉는 자리를 마련해놓았다. 간단한 장치로 그곳에 접근하는 발길과 시야를 어느 정도 걸러 완전히 개방되는 상황보다는 편안한 공간을 조성한 셈이다.

녹지 바닥은 우드칩(wood chip, 나무 부스러기)으로 덮어놓았다. 미국과 유럽에서 쉽게 볼 수 있던 모습이다. 나무 둘레는 주변보다 모두 낮게 한 것도 금방 눈에 들어온다. 이것들은 토양 수분을 효율적으로 관리하는 한 가지 방식이다. 우드칩은 수분이 증발되는 양을 줄이고, 낮은 곳으로 모이는 물은 나무와 풀의 갈증을 줄이는 데 활용된다. 물론 수목과 함께 살아가는 동물과 미생물도 그 물을 나누어 쓸 것이다. 그런 과정에 땅속으로 스며드는 물의 양도 늘어 지하수 고갈을 줄이는 데 보탬도 된다. 또한 목재는 상대적으로 탄소와 질소함량비가 매우 높기 때문에 그것을

▲ 사람의 시야와 이동을 조절할 것으로 보이는 시드니 공항 앞의 성긴 울타리
▼ 시드니 공항 앞의 녹지 바닥 처리

에너지원으로 삼는 미생물은 토양과 빗물에서 부족한 질소와 다른 필수 영양소를 흡수해야 한다. 그 과정에 미생물은 오염물질을 분해하고 영양소를 흡수함으로써 빗물이 하천이나 호수로 운반하는 양을 줄인다. 간단하지만 토양과 식물, 동물, 미생물이 어우러져 흘러가는 유출수의 오염물질과 영양소를 걸러주는 여과작용을 향상시키는 장치가 된다. 결과적으로 생태계의 자연정화 능력을 높이는 처방인 셈이다.

그러한 효과가 실제로 얼마나 될까? 아직 정도를 제대로 말할 수 없는 내 마음은 무겁다. 나는 이런 모습이 우리의 도시에도 좀 더 들어오길 기대하지만 무슨 일인지 더디다. 배수가 잘되지 않아 나무의 성장을 저해한다는 생각이 조경업계에 깊이 박혀 있다. 과연 우리의 자연 풍토에서는 그럴 수밖에 없는 것일까? 실상은 구체적인 검정이 필요한 일이나 나는 몇 가지 정황을 보아 우리나라에서는 더더욱 토양 수분 과잉이 아니라 부족을 걱정해야 할 땅이 많다고 보는 사람이다. 이런 내 주장의 근거를 2부에서 어느 정도 소개를 했지만 아직도 우리 땅에서 연구한 결과를 얻지 못해 아쉬울 뿐이다.

생태도시에 대한 관심이 이끌어낸 여행
도시와 환경문제를 풀어 볼 생태학적 해석

영종도 공항을 떠나면서부터 읽고 있는 자료는 『생태도시(Ecocities)』라는 책이다. 책을 손에 들 때 큰 기대를 하지 않았는데 뜻밖의 내용이 보인다.

"자동차 연료 효율이 높아지면 에너지를 더 많이 소비하는 도시체계가 될 가능성이 있다."

이와 같이 역설적인 내용을 설득력 있게 묘사한 부분이 특히 흥미롭다. 기술 발전으로 자동차 연비가 향상되면 휘발유 소비량에 대한 사람들의 걱정이 줄어든다. 그리하여 교외에 집을 구하는 사람들이 늘어나면서 도시는 교외의 더 넓은 경관으로 슬금슬금 뻗쳐간다. 그렇게 집과 직장의 거리가 멀어지는 사람 수가 증가하는 만큼 자동차와 도로가 더욱 늘어난다. 이런 과정은 더 많은 휘발유 수요를 낳는다. 결과적으로 에너지 효율성이 높은 자동차의 개발은 에너지 비효율적인 도시를 유도한다는 것이다. 사람에게 이롭도록 개발한 기술이 사람의 심리 및 행동과 결합하여 오히려 엉뚱한 결과를 초래하는 사례다.

이러한 설명은 작은 수준의 변화가 연쇄적인 과정을 거쳐 도시 전체에 어떤 영향력을 발휘하게 될지 다각적으로 검토해야 한다는 교훈을 말한다. 자동차 운영비 절감으로 도시가 확장되면 더 넓은 땅이 도로나 주택지와 같은 불투성 포장으로 덮이고, 도시 비점오염원(오염물질이 나온 지점이 넓어 분명하지 않은 경우)도 증가될 것은 뻔하다. 길을 많이 만들어 교통을 편리하게 하는 정책도 같은 맥락으로 유역의 수문 과정을 잘

못된 방향으로 이끌 수 있다는 추측도 가능하다.

『생태도시』라는 책이 있다는 사실을 알게 된 것은 답사를 떠나기 바로 한 주 전이다. 생태도시위원회가 준비한 비무장지대 국제심포지엄에서 저자인 리처드 리지스터(Richard Register)를 만났다. 강원도 양구 을지 전망대의 심포지엄에서 점심을 먹기 위해 잠깐 내려왔던 식당에서 저자가 호주의 참석자에게 건네는 책을 우연히 목도했다. '어, 『생태도시』라는 책이 이미 있네!' 그 순간 내 마음에 인 생각이다. 그런 정도로 생태도시에 관한 한 한심한 수준의 나는 다가가서 책을 잠깐 들춰보았다. 저자가 1980년대부터 생태도시라는 주제로 고민을 하고 있다는 사실을 그렇게 알게 되었다. 나와 다른 세계에서 이미 상당히 오랫동안 자료를 축적했다면 공부할 거리는 있는 것이다.

이런 만남의 계기로 공부를 해보기로 했다. 생태도시 센터 사무국에 알아보니 이미 이전부터 교류가 있는 리지스터의 책이 비치되어 있다고 한다. '그래, 이번 여행에서 그 책이나 읽어보자.' 그렇게 해서 나와 인연이 닿은 책이다. 여행을 하는 동안 착실하게 읽고, 호주에서 만나는 광경들을 관찰하는 과정에 내가 고민해왔던 생태 원리들과 도시의 일을 연결해보면 그동안 눈길조차 주지 않았던 세상의 한 부분과 의미 있는 인연을 맺을 수도 있겠다 싶었다.

사실 나는 소속된 환경계획학과 분위기를 의식하며 오랫동안 도시공부에 대한 부담을 안고 있었다. 학과에는 도시와 환경 문제를 사람이 일으키는 사회과학적 현상으로 보고 계획과 설계로 풀어야 한다고 보는 교수들과 학생들이 대부분이다. 그들은 내 연구를 그저 생물학의 일부로 여긴다. 그러나 내 학문적 이력의 한계로 도시문제를 생태학적 관점에서 해석하는 접근은 감히 들어서기 어려운 과제로 버티고 있다. 이 오래된 부담의 실마리를 나는 졸저 『경관생태학』을 집필하며 조금 다가갔을 뿐이다.

다행스럽게도 지난봄에 학교 가까운 곳으로 거처를 옮기며 긴 출근길 운전에서 벗어났고, 덕분에 걷기와 도시 풍경을 살필 기회가 한층 잦아졌다. 한편 12년 넘게 열심히 찾던 강원도 인제의 점봉산 천연보호림에 대한 방문 빈도와 연구가 줄어들며 나는 일테면 '하산(下山)'을 하고 있었다. 그만큼 점봉산 연구에 대한 집중력도 분산되어 점봉산의 숲생태계에 대한 고민이 줄어든 것이다. 지난 시간을 돌아보면 나는 내게 주어진 여건과 타협하며 공부 내용을 조금 조정한 것이다.

생태공동체 마을 크리스털워터스
생태적인 원리가 담긴 마을공간과 삶의 방식

입국 수속이 끝난 다음 호주 하늘을 1시간 30분 날아 브리즈번 (Brisbane) 공항으로 이동했다. 그리고 퍼머컬처(permaculture)의 원칙들을 적용하며 살고 있는 공동체 마을 크리스털워터스에서 이틀 동안 묵었다. 퍼머컬처는 '영원한(permanent)'이라는 단어와 '농업(agriculture)', 두 단어를 합쳐서 만든 명칭으로 지속가능발전이라는 개념과 같은 속내에서 나왔다. 자발적으로 모인 주민들은 여러 가지 생태적인 원리에 착안하여 마을공간을 조성하고 삶의 방식을 찾는다. 퍼머컬처의 구체적인 내용은 이미 졸저 『경관생태학』에서 소개했고 여러 자료에서 참고할 수 있다.

크리스털워터스에 도착하기 전에 먼저 우리는 장을 보기 위해 쇼핑몰부터 들렀다. 식사를 스스로 챙겨야 하기 때문이다. 쇼핑몰에서 호주의 날씨 만큼이나 뜨거운 호기심을 느낀 몇 가지 장치를 만났다. 넓은 주차장을 하얀 차양으로 덮어 햇볕에 데워지는 정도를 완충하고 있었다. 내가 다녀본 어느 곳에서도 보지 못한 광경이다. 그런 장치로 차량 하나하나가 줄일 수 있는 냉방비는 어느 정도 될까? 커다란 쇼핑몰 건물에 임시 지붕 형식을 덧대어 마련한 넓은 공간을 온통 식당으로 사용하고 있고 식탁 주변에는 주로 물에서 볼 수 있는 거북과 학의 모양을 본뜬 조각들이 있다. '거북과 학이라, 이것은 아시아 문화의 영향이 아닐까?' 간헐적으로 조금씩 분출되는 물은 어린이들의 눈을 자극하고 몸을 끌어들인다. 어른들이 식사를 하는 동안 어린이들은 차가운 물을 몸으로 즐기고 있

▲▼ 뜨거운 햇볕 아래 주차장 그늘 천막과 실내 분수의 물을 즐기는 어린이

다. 어떻게 보면 열악한 환경에서 찾아낸 비교적 간편한 적응 방식이다.

랜드스보로(Landsborough)를 지날 때는 호주의 농장주들이 즐겨짓는 형식의 집을 지나치며 설명을 들었다. 농장은 보통 높은 곳에 자리잡고, 집 가장자리로 빙 둘러쳐진 마루와 난간을 따라 돌며 사방의 자기 농장을 휘둘러볼 수 있는 구조가 특징이란다. 농장주는 현장에 가지 않고 집 안에서 자기 농장을 감시할 수 있는 구조가 필요했던 것이다. 그런 구조를 식민지 형식의 가옥(colonial style house) 또는 퀸즐랜드(Queensland)식이라 하는 것으로 보아 호주 동북부 쪽으로 옮겨와서 살던 영국인들이 넓은 땅을 다스리는 과정에 만든 형식에서 유래된 모양이다. 이것은 고용되어 게으름 피우기도 하는 없는 자의 신세와 고용하고 엄중하게 다스리는 자의 태도가 낳은 건물 형식이다. 어떻게 보면 살림집과 정자의 일부 기능을 합친 작품이다 - 우리나라에서는 전망 좋은 곳에 정자를 만들어두고 술자리를 즐기며, 때로 들판의 일꾼들을 감시하던 양반들이 있던 시절도 있었다.

오후 4시 40분 무렵 목적지 크리스털워터스에 도착했다. 입구를 막 나가던 차가 우리 차를 뒤따라왔다. 그는 현지 안내를 약속했던 할아버지 배리 오코넬(Barry O'Connell)이다. 첫인상에 느긋하고 편안한 마음이 느껴진다. 오늘은 특별한 일정이 없는 날이라 숙소와 물의 위치와 함께 몇 가지 주의사항만 알려주는 정도로 안내가 간단히 끝났다.

숙소를 잡는 대로 나는 배리에게 질문을 하는 일행에 끼어들었다. 배리는 목욕을 할 수 있는 시냇가로 우리를 안내했다. 시내를 보는 순간 실망감부터 앞선다. 물은 결코 깨끗하지 않다. 점토질 또는 유기물이 많은 토양에서 흘러내린 물인지 부유물질이 잔뜩 들었다. 우리나라 화강암 산지의 깨끗하고 맑은 물색에 익숙한 내게 빛깔부터 거부감을 안겨준다.

그래도 소금쟁이들이 물 위에 떠 있는 것으로 보아 화학물질로 오염되지는 않았는가 보다.

돌아오는 길에 캥거루를 만났다. 가까이 다가가서 사진을 찍는 동안 밝은 하늘에서 소나기가 쏟아졌다. 우리는 가까운 정보 센터(Information Centre) 처마에서 비를 피했다. 금방 다녀온 시내 쪽 하늘에 쌍무지개가 나타났다. 여기로 오는 동안에도 보았으니 오늘 벌써 두 번씩이나 쌍무지개를 만난 셈이다. 우리나라, 특히 도시 생활에서는 경험하기 어려운 장관이다. 무지개는 시골에서 살던 어린 시절 가끔 만났고, 아주 오래전 여수의 바다에서 멀리 떠 있는 것을 본 적이 있을 뿐이다. 작년 9월에는 몽골에서, 올 8월에는 우즈베키스탄에서도 쌍무지개를 봤으니 '공기가 맑은 곳에서나 볼 수 있는 자연현상인가?' 하는 생각이 든다. 쌍무지개를 만나면 행운이 있다는 말을 들은 적이 있는데…….

처마 아래 서서 비를 피하는 우리 곁으로 나이 든 주민 한 사람이 다가왔다. 그는 무지개를 가리키며 말을 걸고, 이태구 교수님이 흙벽의 내구성에 대해 묻는다. 그것이 바로 우리를 긴 대화의 길로 이끈 길목이었다. 그렇게 우리는 3년을 이곳에서 살고 있다는 던컨 화이트(Duncan White) 씨의 말 상대가 되어버렸다. 그는 사람과 나누는 얘기에 목마른 사람처럼 좀처럼 우리를 놓아주지 않으려고 했다. 조금은 싱거운 사람이라 우리는 그의 말을 서서히 지겨워하기 시작했다. 다행스럽게도 우리는 퇴비 제조용 화장실을 자랑하는 계기가 끝나는 순간을 놓치지 않고 작별을 고할 수 있었다. 크리스털워터스라는 별스러운 집단 사회 안에는 별스러운 사람도 있는 것이 당연하겠다는 생각이 든다. 이곳 구성원들은 어떤 면에서든 예사롭지 않은 면모를 지녔으리라!

숙소로 돌아오니 저녁 6시 무렵이었다. 남은 일행은 숙소 가까이에 있

▲▼ 쌍무지개와 목장, 숲띠가 있는 풍경. 무지개가 시작하는 왼쪽 부분이 금방 다녀온 시냇가의 숲띠로 목장과 시내 사이에서 완충대 역할을 한다.

▲ 흙벽과 바자울 형식의 햇빛 가리개가 있는 건물
▼ 퇴비 제조용 화장실

는 야외식당에서 이미 컵라면과 밥으로 저녁식사를 끝내는 즈음이었다. 그리고 우리의 식사와 이야기는 이어졌다.

야외식당은 저녁 9시면 문을 닫는다. 그런데 그 시간이 되기도 전에 마을은 정전되었다. 세상은 온통 깜깜하다. 나는 혼자 먼저 자리를 빠져나와 지친 몸을 숙소에 눕혔다. 그제는 3시에 일어났고, 어제는 비행기에서 밤을 보냈다. 버스로 이동하는 동안 가끔씩 눈을 붙이기는 했어도 수면이 부족한 상태였다.

호주에서 퍼머컬처를 배우는 아이러니
배산임수와 자연의 이해

둘째 날 아침 오전 5시에 잠에서 깨었다. 주변은 온통 새소리로 요란하다. 어제 오후부터 한 번씩 가볍게 종소리를 내던 종새(bell bird)의 울음은 계속되고 있다. 휘파람새 소리처럼 들리기는 하지만 끝이 좀 둔탁한 소리도 들린다. 내셔널 지오그래픽 방송에서 들었던 야생닭 울음 같은 소리도 들린다. 바깥에 나가보니 숙소 통로에 검고 칠면조처럼 생긴 새가 놀라서 달아난다. 7시 새소리는 매미 소리에 묻혀버렸다. 그 속에서 끼억끼억 가끔씩 우는 새 소리가 겨우 들릴 뿐이다.

일과는 9시를 조금 지나 정보 센터에서 배리의 안내로 시작되었다. 이곳의 역사는 디자이너 빌 몰리슨(Bill Mollison)에 대한 언급으로 소개됐다. '퍼머컬처는 디자인(Permaculture is design)'이라는 모토로 작업을 시작한 몰리슨은 1966년 37세란 늦은 나이에 대학공부를 시작했다. 그리고 생물지리학 전공으로 태즈메이니아 대학에서 학생들을 가르치다 1974년 제자인 데이비드(David Holmgren)와 함께 퍼머컬처를 설립했다. 1979년에 그는 정년보장을 받았으나 나중에 학교에 학제적 접근(cross-disciplinary holistic approach)을 제안하고는 거절당하자 실망하여 정규교육의 교수직을 내려놓았다. 몰리슨은 집을 설계할 때 현지의 이동식 임시 거주지(cabin)에서 1년가량 살면서 바람과 물길을 포함하는 자연현상을 관찰했다. 디자인 이전에 자연의 원리에 대한 이해가 지속가능한 삶의 근간이 되었다는 뜻이다. 크리스털워터스의 초기 정착자들은 히피로 시작되었다. 아직 새로운 마을의 구체적인 역사를 알아내기에는 아리송하지만 숨 가쁜 도시인의 속도와 거리가 있는 이곳 삶의 특성을 어느 정도 짐작케 한다. 단편적인 내용이나 생소한 방문객을 위한 도입부로는 적절해 보인다.

마을을 이루는 경관요소들을 디자인하고 운영하는 데 적용하는 가장 기본적인 원칙은 에너지 이용 효율이다. 최저의 에너지 투입으로 최고의 혜택을 끌어내는 방향을 고려하여 모든 것을 만들고 지켜나간다. 이러한 태도가 바람직하다는 사실은 우리 모두 알고 있다. 문제는 실천과정에서 이러한 원칙을 원만하게 수용할 수 있는 분위기와 여건을 만드는 일이다.

마을에 배치된 집들은 몇 개의 묶음(cluster)을 이루도록 했다. 산기슭을 따라 길게 조성된 마을의 양쪽 끝은 대략 7.5km 떨어져 있어 주민의 소통이 원활하지 않다. 이에 몇 가구를 묶어놓음으로써 서로의 소통에 도움이 되는 것이다. 이를테면 외지로 나갈 때 함께 갈 수 있는 사람을 구하는 일이 원활하다. 출타 중에 해결해야 하는 간단한 일을 이웃에 부탁하기도 쉬워진다. 그렇게 가까움이 지나치면 부작용도 있을 터이다. 과연 장점만 유지하는 구체적인 방법이 있을까?

전체 마을은 가장 높은 경사지와 완경사 지역, 시내를 따라 나타나는 평지로 나누어 토지를 이용하는 구조다. 산 능선으로부터 차례로 숲과 마을, 목장이 자리를 잡는다. 이는 우리나라 전통마을 경관에서 거의 예외 없이 나타나는 배산임수 원리와 매우 닮아있다. 우리 전통농촌경관에서는 대체로 마을이 고지대로 올라가질 않았고 목장 대신 논들이 시내 가까이에 있었다. 평지보다 높은 곳에 자리 잡은 집에서는 널리 내려다보는 시야를 확보하여 경치를 즐길 수 있고, 바람을 받을 수 있다. 바람이 강하지 않아 풍력을 활용하기 어려울 정도지만 겨울의 날씨가 혹독하

지 않으니 바람 걱정은 크게 하지 않는 모양이다. 집들은 북향이다. 호주
는 남반구라 북향에서 햇볕을 많이 누릴 수 있기 때문이다.

　마을을 거쳐 올라가는 경사지의 침식 문제를 어떻게 해결하는지 물어
보았다. 그에 대한 원칙 또한 대체로 상식에 가까운 내용이다. 공동체 마
을 안에는 열일곱 개의 토양 침식 조절 연못을 마련해놓았다. 길을 지그
재그로 설치하여 경사를 줄이는 것은 산길을 오르는 힘겨운 정도를 줄
이고, 흘러내리는 물의 속도를 줄인다. 또한 경사지에 등고선을 따라 나
무를 심고, 통나무나 나뭇가지 덤불을 늘어두며, 풀이 무성한 저초지
(swale)를 조성한다. 이 또한 흘러내리는 물의 속도에 저항하여 침식을
줄인다. 이 모습은 나중에 안내를 받아 사진을 찍을 수 있었다. 이 중 일
부 장면은 내가 출근길에 만나는 관악소방서 맞은편 숲의 모아진 나뭇가

▲ 경사지 침식을 줄이기 위한 노력

지들을 흩어두길 바라는 마음을 뒷받침하기도 한다.

배리는 축산업을 운영하는 패트 폴스만(Pat Forsman)의 집으로 우리를 안내했다. 이때쯤 나는 지친 심신으로 집중력이 떨어져 있었다. 공동체 가게와 낙농시설로 안내하여 패트가 많은 이야기를 했지만 겨우 몇 가지 내용만 챙겼다. 가게에 붙어 있는 낙농시설은 협소했지만 그 안에서 나름대로 위생적인 절차를 거쳐 치즈를 만드는 공간이 갖추어졌다. 호주에서는 음식에 대한 위생관리가 철저하기 때문에 공동체 안에서 생산한 것은 엄격한 검정과정을 거쳐야 외부로 유통할 수 있다. 이곳에서는 내부 규정으로 공동체의 생산품은 내부 거래로 한정한다. 근처에 달리 가게가 없을 정도로 외지기도 하다. 대신에 손님을 위해 내어놓은 아이스크림 맛은 일품이었다.

다음은 건축가 맥스 린데거(Max O. Lindegger)의 건물 안내였다. 건물로 들어서는 길목에는 낮은 축대가 있다. 화강암으로 보이는 자연석 사이에 콘크리트 잔재가 섞여 있다. 그곳은 이전에 소를 키우던 축사였다. 어느 무렵에 진드기가 많아서 소를 괴롭혔고, 심지어는 죽음으로 이끄는 경우도 있었다고 한다. 그래서 이곳 사람들은 건물 안에 콘크리트로 커다란 통을 만들고 그곳에 살충제를 풀어 넣은 다음 소의 몸통을 적셨던 것이다. 배리는 그저 옛사람들이 사용했던 살충제를 화학물질이라고 하는데 아마도 디디티(DDT, dichloro-diphenyl-trichloroethane)였을 가능성이 높다. 어린 시절 고향 마을의 어른들은 진드기가 다닥다닥 붙은 소의 몸을 톱니 달린 도구로 긁어내고 거기에 하얀 가루를 문질러 주곤 했다. 먼 훗날 나는 레이첼 카슨의 『침묵의 봄』을 읽고서야 그 하얀 가루가 디디티였다는 사실을 스스로 알게 되었다.

요즘 우리나라에서 진드기는 가끔씩 산에서 귀찮은 존재로 등장하기는 하지만 고향마을에서 본 것은 아주 오래전 일이다. 여기서도 진드기가 창궐하던 시절은 옛 이야기가 되었나 보다. 진드기 퇴치를 위한 콘크리트 구조물은 더 이상 쓸모가 없어졌고, 이제 축대를 쌓는 정도의 재활용품이 되었다. 끈질긴 인간의 해충 구제가 낳은 성공의 한 단면이다.

그런데 자연의 삶에 충실한 여기선 해충이 완전히 물러가지는 않았는가 보다. 사실 우리가 크리스털워터스에 도착한 날 숙소의 침대에 진드기가 있을 수도 있다고 배리가 주의를 주었다. 약간의 불편은 감내하는 정도로 성가신 벌레들의 방제는 해도 박멸은 하지 않겠다는 태도가 있는 걸까?

오후에는 숲으로 갔다. 종새가 끊임없는 소리로 자신의 존재감을 드러내고 있다. 휘슬을 아주 짧게 불 때 나오는 소리와 비슷하다. 이름이 그 소리에서 유래되었는지 종을 가볍게 두드릴 때 나오는 소리로 들릴 수도 있겠다. 군에서 익힌 시간 조절방식을 적용하여 하나 둘 셋 넷 하고 세어보니 대략 1분마다 운다. 때로는 그보다 자주 나는 소리도 있는데 아마도 두 마리 이상이 합주를 하는 듯하다.

이 녀석들은 해충이 입힌 나무의 상처에서 흐르는 진액을 먹는다고 한다. 그러면 종새는 해충을 위해 무슨 일을 할까? 먹이를 제공하는 일꾼을 보호하는 것은 자연스러운 도리다. 그래야 그들의 삶이 보장된다. 당장 알아낼 수는 없으나 종새와 나무 해충 사이에는 어떤 공생의 끈이 맺어져 있을 듯하다. 그렇게 되면 이제 해충이 삶의 기반을 내려야 하는 나무가 문제다. 해충의 창궐로 유칼리나무가 죽어서 사람의 골치를 썩이는 경우도 있단다. 확신할 수 없지만 종새의 도움 덕분에 해충이 살아가는지도 모른다. 나무가 전멸하면 해충도 곤란하고, 덩달아 종새의 삶도 아득해질 터이라 3자 사이에는 또 다른 차원의 공생을 잇는 끈이 있을지도 모른다.

나중에 나는 한국의 퍼머컬처 교육과정을 소개했던 어떤 교수에게 이런 이야기를 들었다. 교육을 받은 한 농부가 강의 소감을 이렇게 표현했다고 한다.

"내가 어릴 적에 우리 할아버지 할머니들이 흔히 사용하던 방식인데 이제 와서 왜 이런 것을 외국인에게 배우게 하는가?"

솔직히 나도 2002년 처음 퍼머컬처 강연을 들으며 똑같은 의문을 제기했던 사람이다.

최근에 들은 제자의 경험담에도 비슷한 내용이 있다. 그는 태즈메이니아 섬(Tasmania Island)의 몰리슨 농장에서 일주일 동안 머문 적이 있다. 그때 몰리슨은 물었다.

"내가 한국에서 퍼머컬처를 배워 왔는데 여기 뭐 하려고 왔느냐?"

제자는 아마도 일본을 포함하는 아시아인의 삶에서 착안을 했을 터인데 한국인 자신에게 그렇게 말한 것으로 짐작한다. 위키피디아에는 『짚 한오라기의 혁명』의 저자 후쿠오카 마사노부의 자연 농법(4무농법: 무경운, 무농약, 무비료, 무제초)에서 영감을 얻은 것으로 소개하고 있다. 제자에게 몰리슨은 덧붙였다.

"한국의 발효 식품에 큰 관심이 있어 직접 김치와 된장, 고추장을 담고 있다."

함께 구운 삼겹살을 쌈으로 싸먹으며 대화를 나누었던 그는 몰리슨에 대해 이렇게 평가했다.

"대단히 유쾌하고 자유로운 성격의 소유자로 느껴졌습니다."

공동체는 집을 짓는 것과 닮았다
나무와 새의 끈끈한 공생 관계

야생의 칠면조가 알을 부화할 때 이용하는 자연의 원리에 관한 얘기는 내 호기심을 자극했다. 관목칠면조(brush turkey)라는 이름을 붙여줄 만한 새로 아마도 숙소에서 아침에 본 적이 있는 녀석이겠다. 머리가 붉고 몸통이 검은 새다. 이 녀석들은 낙엽을 잔뜩 긁어모아 놓고 알을 낳는다. 낙엽이 썩는 과정에 나오는 열기가 알을 따뜻하게 유지하여 부화를 돕는다. 우리의 숲 안내인 그램 하플리(Graeme Harpley)는 찾아낸 관목칠면조의 부화 자리에서 한 움큼의 토양을 긁어 손바닥에 올려놓는다. 알맞게 썩어 기름진 부식질의 토양이다.

나는 혹시 낙엽이 잘 썩도록 오줌이나 똥을 갈기지는 않는지 궁금해서 물어보았다. 그런 얘기는 듣지 못했는데 아마도 그럴지도 모르겠다는 반응을 보인다. 낙엽은 아무래도 탄소에 비해서 질소가 부족한 편이라 부식을 촉진하기 위해서 어미 새가 그런 짓을 할지도 모른다. 또한 그렇게 기름지게 썩은 부식질이라면 주변의 나무에 영양소를 공급하는 혜택을 베풀 것이다. 새가 낙엽을 긁어모아 썩혀주는 덕분에 넉넉한 양분을 얻는 나무들 또한 특별히 선택된 수종이지 않을까? 요컨대 나무는 낙엽으로 관목칠면조를 유도하고, 관목칠면조는 분해열로 부화를 돕고 똥과 함께 공급된 질소로 낙엽 분해를 촉진하고, 나무는 부식질과 질소를 포함하는 필수영양소로 삶을 살찌우는 끈끈한 공생의 관계가 그려진다. 이것은 어디까지나 가설이며, 검정은 남겨진 과제다.

푸른색을 좋아하는 바우어새(bower)에 대한 얘기도 흥미롭다. 수컷은

▲ 관목칠면조의 부화 장소
▼ 바우어새가 모아 놓은 푸른색 헝겊

푸른색 물질들을 모아놓고 춤을 추며 암컷의 관심을 끈다. 다행스럽게도 우리의 안내자는 돌아오는 숲에서 그런 장소를 찾아내었다. 죽어 넘어진 통나무를 뒤로 하고 모아놓은 파란색 물건들이 널브러져 있다. 가만히 들여다보니 헝겊 조각과 빨래 널 때 사용하는 집게가 섞여 있다. 그 가운데에 15~20cm 높이의 가는 나뭇가지들을 세운 울타리 모양의 둥지를 마련했다. 암컷에게 잘 보이려고 멋있게 춤을 추는 새 사진을 행동생태학자의 발표에서 흥미롭게 본 적이 있는데 아마도 그런 녀석과 관련 있는 모양이다.

저녁에는 함께 일과를 정리하는 기회를 마련했다. 한 사람씩 자연스럽게 보고 들은 바를 풀어놓는다. 모두 사람 사는 모습에 깊이 관련된 주제다. 나와는 사뭇 다른 관심으로 본 현상들이 쏟아지기 시작한다. 이야기를 듣는 순간마다 다른 세계에 대한 감탄의 마음이 내린다. 나는 그런 내용에는 쉽게 다가가지 못한다. 그런 만큼 조금은 긴장이 되는 시간이다. 그런 속에서 나는 많은 얘기를 기억에 담지 못한다.

이미 내 상념은 어디선가 제기된 한 가지 주제에 빨려가고 있었다. 이들은 어떻게 공동체 형성에 성공할 수 있었나? 우리가 여기에서 이루어지고 있는 삶의 긍정적인 측면을 본다면 그 뒷면에 자리 잡은 성공요소를 찾아봐야 한다. 어쩌면 우리와 다른 어떤 문화적인 차이에서 나온 결과일지도 모른다.

여기서는 지극히 낯설었던 사람들이 하나씩 모여 다음 수준의 묶음을 이루어가고 있다. 일찍이 우리의 시골마을들은 여러 가지 공동체의 실천양식을 지니고 있었다. 우리는 그런 미덕의 양식이 무너지고 있는 반면에 여기서는 오히려 새롭게 만들어지는 모습이다. '그런데 우리가 이들의 공동체 조성방식을 제대로 따라 할 수 있을까?' 낯선 사람들과 가까워지는 데 시간이 걸리는 내 개인적인 성격을 우리의 일반적인 특성인양 확장하며 공연히 걱정하고 있는 것이다.

　내가 아는 한 과거의 우리 공동체는 주로 어른을 중심으로 이루어졌다. 마을마다 권위를 가진 어른이 있었다. 마을의 중요한 일들은 대체로 그 어른이 주민들의 행동을 이끌어가며 처리했다. 나는 이런 방식이 얼마 전에 건축 교양 강연에서 들은 내용과 관련이 있겠다는 생각을 한다. 기둥을 세우고 대들보를 얹은 틀에 벽을 붙이는 우리의 전통가옥은 중심을 마련하는 것으로 대강의 일은 끝난다. 그러나 벽돌을 세우는 서양 건축방식에는 어떤 의미에서 중심이 없는 셈이다. 낱낱이 떨어져 있던 비슷한 것들이 하나씩 제자리에 놓여 만들어가는 과정이다. 이렇게 서양과 다른 방식으로 집을 짓는 과정에 우리 마음에 깊숙하게 자리 잡은 의식이 있을 것이다. 그것은 어른이라는 뼈대가 없으면 갈피를 쉽게 잡지 못하는 태도와 관련이 있을지도 모른다.

　세상의 변화 속에서 우리는 꽤 많은 전통 공동체 미덕을 잃었다. 그곳에 작용하는 중심요소는 무엇인가? 부모세대와 자식세대의 단절이 큰 문제가 아닐까? 모두 일상의 바쁨에서 헤매고 있는 상황 또한 공동체로 가지 못하는 큰 문제로 작용하는 것은 아닐까?

　이들도 쉽게 이룬 것은 아닐 터이다. 배리의 말로는 무언가 쉽게 될 것이라고 예상했지만 4년 동안 아무것도 이루어지지 않았다고 한다. 우리와 서양의 차이를 밑바탕에 두고 끈질기게 길을 찾아가는 방법만이 우리만의 공동체와 생태도시를 이루어가는 희망이겠다는 생각이 든다. 우리 전통 공동체의 틀이 되어주던 어른을 대신할 대안은 뭘까? 아니면 크리스탈워터스처럼 저마다 벽돌이 되는 방식으로 새로운 공동체를 우리도 과연 이룰 수 있을까?

코란코브리조트의 생태관광
생태적 관리로 모기 개체수를 줄여

아침 일찍 예정대로 우리의 이동을 도울 차가 왔다. 소형버스의 기사 앨런(Allen)은 40대 정도의 나이로 보인다. 호주의 첫날 이곳까지 우리를 데리고 왔던 크리스와 생김새는 사뭇 다르지만 사람을 부담 없이 대하는 말투는 비슷하다. 자신과 잠시 함께 하는 이방인을 스스럼없이 맞으며 편안하게 이끄는 이들의 태도가 부럽기만 하다.

한동안 스쳐가는 풍경을 부지런히 챙기던 나도 수면 부족을 이기지 못했다. 어느새 잠깐 잠에 빠져들었던가 보다. 뒤에 앉은 안내가 나를 깨운다. 마침 뜻있는 다리를 지나는데 그냥 내버려둘 수가 없었단다. 1988년 올림픽게임을 유치하기 위해 호주도 힘을 쏟았다. 알다시피 그 해의 올림픽게임 개최지는 우리나라였다. 그 때 뜻을 이루지 못해 주민의 마음을 달래는 대체사업이 필요했다. 다리 건립은 그런 의도로 추진하여 탄생된 기념비적인 작품이다. 수면에서 높이를 64m나 올려 세계에서 가장 높게 만들었다. 교량사업은 위축된 사람들의 마음을 어느 정도 위무했으리라. 뜻한 바를 놓친 사람들의 마음을 달래는 데는 달리 성취감을 맛볼 기회를 제공하는 것이 제격이다.

버스를 주차장에 세워두고 배를 타고 찾아간 목적지는 코란코브리조트(Couran Cove Resort)다. 지도를 보면 퀸즐랜드(Queensland)주 골드코스트 인근으로 브리즈번에서 동남 방향으로 72km 가량 떨어져 있다. 섬 전체가 하나의 휴양지로 면적 46만 평 정도인 이곳은 호주 원주민의 오랜 역사가 있던 땅이다.

▲▼ 코란코브 관광지

우리는 곧장 환경센터를 찾아 그곳에서 근무하는 제시카를 만났다. 1시간 동안 우리의 탐방을 안내할 그녀는 사람들이 섬을 이용한 역사부터 소개한다. 2만 년 가량 원주민의 삶이 이어지던 곳에 200년 전부터 굴을 양식했다. 1850년부터는 소를 방목하기도 했고, 1900년까지 백사장에서 미네랄이 풍부한 모래를 매우 많이 채취했다. 농업용지로 사용하던 땅에 생태관광을 기치로 새로운 토지 이용을 계획했다. 2년의 조성기간을 거쳐 1998년 6월에 리조트는 문을 열었다. 이곳은 이제 호주 여행협회와 건축협회, 세계적인 환경단체로부터 많은 상을 받을 정도로 생태관광(eco-tourism)의 모범적인 사례지역이 되었다.

나는 과도한 방문객은 환경 훼손을 야기할 터인데 입장객 숫자를 어떻게 조절하는지 물어보았다.

"육지의 마리나에서 페리를 타는 승객의 입장권을 하루에 800장으로 제한한다. 섬에는 연간 5,000명이 사용할 만큼의 지하수가 저장되어 있다. 그러나 빗물로 채워지는 속도를 고려할 때 하루에 800명 정도 사용하면 적당하다. 토지 자원의 지속가능성을 확보하기 위해서는 이용하는 사람의 숫자를 제한할 수밖에 없다."

관광사업의 제한요인(limiting factor)이 물이라는 뜻이다. 공간의 수용능력은 공급량이 가장 부족한 자원인 제한요인에 의해 결정된다. 만약 이곳의 용수량이 더 충분하다면 다른 자원이 방문객 숫자를 제한할 것이다.

이태구 교수는 생태관광에 대한 그들의 생각을 물어보았다. 자연 속에서 이루어지는 관광을 생태관광이라 하는지 아니면 운영과정에 생태적인 측면을 많이 포함하는 것을 의미하는지? 대답은 나름대로 분명하다.

"여기 들어와서 '어떤 특별한 관광을 한다.'는 사실보다는 '자연을 손상시키지 않고 즐기는 관광을 한다.'라는 사실에 중점을 둔다. 이곳 활동의 생태관광적인 특성에는 이런 것들이 있다. 첫째, 이곳에 있는 동안에는 환경을 훼손하지 않고 더욱 보호한다. 둘째, 파괴되지 않는 코란코브리조트의 아름다운 자연을 즐길 수 있다. 셋째, 생태교육의 장소로 활용한다. 여기서 지속적으로 탐방객을 교육을 시켜 그들이 가정이나 사회에서 지속적으로 환경보호를 실천하도록 돕는 것이 우리의 목적이다."

제시카는 탐방객 트레일러(현지에서는 트레인이라 부른다)를 이용하여 이동하며 우리를 이끌었다. 우리가 떠날 배 시간에 맞추기 위해 전체적으로 서두르면서도 여러 곳을 보았지만 처음에 들린 모기 연구지에 대한 기억이 가장 생생하다. 아마도 내 특별한 경험과 관심에 가까운 주제이기 때문일 터이다. 내가 모기 애벌레인 장구벌레를 미꾸라지가 먹어치운다는 사실을 알게 된 것은 오래 전 일이다. 그 사실을 처음 목격했던 학생은 그 인연으로 세계적인 습지 전문가의 지도로 박사학위를 받은 다음 미국에서 활동하고 있다.

제시카의 설명을 옮겨보면 이런 내용이다.

"모기가 공격해야 할 동물에 접근할 때 감지하는 체온과 이산화탄소 농도 수준을 확인하기 위한 간단한 장치를 비치했다. 장치를 이용한 연구로 섬에는 27종의 모기가 서식하고, 그 중 4종이 사람의 피를 빤다는 사실을 알아냈다. 이들 모기는 화학적 생물학적 방법으로 방제한다. 먼저 민물에도 짠물에도 서식하는 장구벌레를 줄이기 위해 화학물질을 사용한다. 아울러 모기 성충을 포식하는 박쥐와 개구리를 이용하여 개체수를 줄이고 있다."

장구벌레의 서식지인 습지와 논에 물고기와 개구리가 함께 살고 있으면 말라리아 발병률이 현저하게 줄어든다는 사실을 번역서『자연과 권력』

▲ 나무에 걸어놓은 모기 방제 장치에 대한 설명을 듣는 모습

에서 읽은 것은 훨씬 훗날의 일이다.

　모기는 도시에서 자연요소를 유지할 때 흔히 생기는 성가신 골칫거리다. 가장 대표적인 것이 다양한 생물에게 서식지를 제공하고 또한 오염물질을 제거하는 기능이 인식되면서 장려하는 인공 습지 조성과 부딪치는 문제다. 고인 물에서 장구벌레를 쉽게 목격하는 주민은 흔히 모기 발생지로 습지를 지목한다. 도시의 숲도 같은 이유로 비난의 대상이 되기도 한다. 우리나라 남녘의 전통가옥 뒤란에 거의 빠짐없이 등장하던 대밭도 여러 가지 생태적 편익을 제공하지만 모기의 은거지라는 이유 때문에 잘려나가는 경우가 가끔 있다. 나무가 우거진 음침한 지역으로 들어갔다가 모기에게 물리는 것은 흔한 경험이기 때문이다.

　경관요소가 안겨주는 혜택과 부작용에 대해서는 결국 그 공간과 삶이 맞닿아 있는 사람들이 비용편익을 저울질하며 결정하는 것이 일반적이다. 그러나 어느 정도 불편을 감수하거나 줄이는 길은 제쳐놓고, 그저 성가시다는 이유로 자연요소를 몰아내기에 급급한 접근이 반드시 합리적인 것은 아니다. 장구벌레와 모기 서식지라는 이유로 습지와 녹지를 없애기 전에 생태적 원리로 제어하는 이들의 태도에는 배울 바가 있겠다.

다음으로 안내한 곳은 엘피지 가스로 가동하는 전기 생산 시설이다. 안내판에서 몇 가지 친환경적인 효과를 밝혀놓았다. 관광지에서 필요한 전기를 먼 곳에서 끌어오질 않고, 현지에서 생산함으로써 연간 8억 달러의 비용을 절감한다. 가스를 사용함으로써 이산화탄소 발생량을 70% 감축하는 효과도 있다. 건축 재료도 열병합을 할 때 발생하는 심한 소음을 줄이도록 방음능력이 크고 가벼운 다공성(air-bubbled) 시멘트를 사용했다.

관광지에는 열대우림을 일부 남겨놓았다. 퀸즐랜드 열대우림의 90%는 소실되었지만 그나마 6헥타르가 남아있다는 사실이 다행이다. 관광지로 개발된 섬에 토착식물을 유지하는 공간이 넓지는 않지만 그것만으로도 상징적 의미가 있다. 탐방객을 끌어들이는 편의시설과 성격이 다른 경관 요소에서 옛 모습을 느낄 수 있고, 전체 경관의 다양성을 높이는 효과도 있다.

탐방객이 숲의 내부로 접근할 때 생물과 토양 훼손을 줄이기 위해 깔아놓은 목재 이동로(board walk)는 우리나라에서도 흔히 볼 수 있다. 자연 습지나 인공적으로 만든 장소를 교육 목적으로 탐방객을 유도할 때 손쉽게 활용하는 시설이다. 탐방로는 골드코스트 지역에서 생긴 재생목재(특히 소를 방목하며 설치했던 울타리 소재)로만 사용한다. 이곳뿐만 아니라 리조트의 백사장 지역 역시 목재 이동로를 깔아 방문객의 발길로

부터 보호한다. 탐방로 설치를 위해 땅에 박는 기둥이 지하의 물 흐름을 방해하지 않겠느냐는 의문도 들지만 그 정도는 감수해야 할 것이다.

생태오두막(eco-cabin)이라는 이름표가 붙은 건물들이 모여 있는 곳을 들렸다. 건물과 건물을 잇는 통로는 지면으로부터 50cm 이상 올려놓은 목재 보드로 되어 있다. 이 또한 지형을 변경하지 않을 뿐만 아니라 건물의 통기 기능을 높이고, 소형 동물들의 원만한 이동을 고려하여 만든 구조물이다. 건물을 지을 때는 주변 환경을 가능한 바꾸지 않는 방식으로 설계했다. 나무를 베지 않고 나무와 나무 사이에 입지를 정하고, 기둥을 박아 바닥에서 띄웠다. 이런 접근은 첫째, 땅에서 이동하는 동물들에게 피해를 주지 않고, 둘째, 건축 과정이 토양에 미치는 영향을 최소화한다.

이곳에서는 소극적 냉방체계(passive cooling system)를 마련하여 가까이 있는 물이 공기를 식혀 에어컨을 설치하지 않아도 시원하게 설계했다. 1층의 출입구와 창문으로 들어온 공기는 실내에서 더워지면 2층의 창문으로 방출하여 낮은 기온을 유지한다. 방충막을 달아 문을 열더라도 모기가 들어오지 않도록 했다. 지붕 위는 나무가 드리워 햇빛을 가려 실내온도가 올라가는 것을 막아준다. 2층 지붕과 바닥 사이의 공간에 양모를 넣어 보온과 보냉 효과를 얻는다. 양모는 여름에는 햇빛을 막아주어 시원하고, 겨울에는 집안의 공기가 밖으로 나가는 양을 줄여 보온효과를 동시에 지니고 있다. 지붕 위를 뾰족하지 않고 둥글게 설계하여 바람의 이동을 원활하게 하고, 물을 데우는 태양열판을 설치했다. 전기사용과 마찬가지로 물 사용 역시 절약할 수 있게 설계했다.

우리는 잠시 질의응답을 주고받았다.

"나무그늘에 가려 태양열 시스템 이용이 잘 안 될 것 같은데 어떤가?"

"낮에는 태양열이 매우 많고, 만약 부족하면 비상용으로 가스가열장치

(gas system)를 이용한다."

"태풍 등 바람으로 인해 큰 나무가 쓰러지는 영향은 없나?"

"나무만 전문적으로 점검하는 나무의사가 항상 관리하기 때문에 걱정하지 않아도 된다."

브리즈번 숙소로 가는 길에 잠시 들린 박쥐 서식지도 눈에 선하다. 나뭇가지에 수많은 박쥐들이 미동도 않은 채 주렁주렁 매달려 있었다. 아마도 이 야행성 동물들은 밤이 오기를 기다리고 있었으리라. 안내판에는 날여우(flying fox)라는 이름으로 소개하고 있지만 모양새도 그렇고 생물학적으로 대형박쥐(megabat)인 것이 분명하다. 퀸즐랜드에는 회색머리날여우박쥐와 검은날여우박쥐 2종이 있는데 그중에서 회색머리날여우박쥐는 세계자연보전연맹에서 제시한 멸종위기종에서 취약종(vulnerable species)으로 지정되어 있다. 어미들이 전깃줄에 부딪쳐 죽기도 하는데 날개 아래를 보면 살아남은 새끼들이 발견되기도 하니 주의하라는 내용도 보인다. 그러고 보니 박쥐들이 풍력발전기에도 충돌하여 죽는다는 내용의 논문을 읽은 적이 있는데 아직 우리나라 연구결과는 보지 못했다.

다음날 아침 일정은 브리즈번 시가지가 한눈에 내려다보이는 쿠트사산 (Mt. Coot-tha)을 오르는 것으로 시작한다. 산 이름은 원주민의 말로 황금의 동산이라는 뜻이다. 이름의 유래에 대해서는 두 가지 다른 설이 있다. 하나는 노천광산에서 채굴할 수 있는 금이 많았기 때문이고, 다른 하나는 꿀이 많았기 때문이라는 설이다. 전망대가 있는 산의 높이는 300m에 미치지 않을 정도다. 그래도 해안에 가까운 평지에 자리 잡은 덕분에 브리즈번 시가지 너머 멀리 바다까지 전망할 수 있는 곳이다. 저 멀리 흐릿하게 보이는 산까지 거리가 80km 정도 된다고 하니 긴 시야는 그 만큼 공기가 맑다는 뜻이겠다.

▲ 나뭇가지에 열매처럼 매달려 있는 박쥐들

　산기슭의 식물원(Botanic Garden)을 지나치며 지면을 덮고 있는 우드칩에 대해 잠깐 얘기할 기회가 있었다. 안내는 얼마 전에 이곳에 왔던 서울시 공무원들이 우드칩 활용방안을 고려해봐야겠다는 소감을 남기고 떠났다는 내용을 언급했다. 외국 풍물을 보는 과정에 중요성을 인식하는 사람이 생기고 있다니 반가운 소식이다. 우리도 오랜 관성을 벗고 새로운 방향으로 찾아가려나 보다.

▲▼ 쿠트사산에서 바라본 브리즈번 전경

생태계 원리를 한껏 활용한 개인저택
스투어트의 집 지붕과 정원의 물탱크

어제 브리즈번에서 비행기로 멜버른에 도착한 때는 늦은 밤이었다. 자리에 눕자마자 잠에 빨려들었지만 깊이 잠들지 못했다. 7시가 되기 전에 잠이 깼다.

오전에 지구의 벗(Friend of the Earth) 사무실에 들렀다. 머리를 길게 묶은 캠(Cam Walker)이 우리를 맞았다. 듬직한 몸집에 구김살 없고 편안한 웃음을 지녔다. 조금 있으니 동료들이 나타났다. 캠을 중심으로 호주 지구의 벗이 중점을 두고 있는 주요 사업 몇 가지를 소개한다. 이들의 활동은 대략 핵 반대 운동, 원주민 생활 개선, 무역 세계화 반대, 기후 변화, 다른 기구와 협조하는 산림 보존으로 요약된다.

짧은 소개 후 이어진 질문시간에 전통생태에 관심이 많은 내가 물었다. 원주민 생활 개선의 중점이 무엇인가? 호주보존재단(Australia Conservation Foundation)의 소속으로 반핵운동을 맡고 있는 데이브(Dave Sweeney)가 대답했다. 나는 문명 개발이라는 이름으로 서구인들의 시각에 맞추는 정도의 사업이려니 하고 지레짐작했는데 그렇지만은 않다. 호주는 남동쪽을 중심으로 개발이 이루어졌고, 북부는 상대적으로 사람의 영향을 덜 받은 지역으로 남겨졌다. 새로운 개발 압력으로 망가지기 전에 원주민의 전통적인 삶이 깃든 방식으로 이끌기 위해서란다.

잠깐 쉬는 시간에 데이브에게 호주 원주민의 전통적인 생활 지혜에 대해 연구하는 사람이 있는지 물어보았다. 있단다. 반가운 정보다. 그렇게 해서 북동부의 도시 케언즈(Cairns)에 거주하며 원주민의 전통 지혜를 수집하고 있는 여성학자 한 명의 이름과 전자우편을 얻었다. 어쩌면 이번 여행에서 내가 얻은 가장 유익한 정보가 될지도 모른다. 지난 4년 동안 내 스스로 수집한 우리나라 전통생태 지식과 호주 원주민의 것을 비교할 수 있다면 흥미로운 연구가 되리라.

오후에 캠의 안내로 스투어트(Stewart)의 집을 방문했다. 생태적 원리를 활용하는 개인주택으로 유명한 곳이다. 역시 태양전지를 활용하고, 전기생산량을 꾸준히 기록하는 모습은 인상적이다. 웬만큼 전기공학에 대한 상식이 있어야 엄두를 낼 수 있는 일이라 내가 쉽게 모방할 수 있을 것 같지는 않다. 빗물을 받아 활용하는 커다란 탱크가 3개 있고, 집 앞에는 하수를 자연적으로 정화하는 간단한 장치를 해놓았다. 아래에 집 주인이 현장을 인솔하며 설명한 내용을 소개한다.

15년을 살면서 스스로 환경친화적으로 개조해서 살고 있다. 태양광 전기판 24개가 지붕에 있다. 이곳은 빅토리아(Victoria)주에서는 첫 번째로, 호주에서는 2번째로 태양광판을 설치한 개인집이다. 태양광이 넉넉할 때는 전기를 많이 생산할 수 있지만, 비가 오는 날은 그러지 못한다. 여름에는 좀 더 많은 에너지를 생산하고, 겨울에는 생산량이 줄어든다. 1996년 처음 시작할 때부터 지금까지 얼마나 생산되고 사용하는지 모두 계산해두었다. 소비보다 생산이 조금 많고 남는 전기는 전력회사에 판다. 조금만 노력하면 전력생산량보다 소비량을 적게 조절할 수 있다.

지하에 물탱크가 있다. 세탁실과 샤워실, 세면대에서 사용한 물이 모두 이곳에 모인다. 보통 탱크를 다 채우는 데 2일이 걸리고, 가득 차면 물이 저절로 밖으로 넘쳐흐른다. 탱크 안에는 생물학적 정화작용 필터가 있다. 이곳에서 9시간마다 작동하는 정화시스템을 거치면 물은 다시 깨끗해진다. 정화된 물은 화장실과 정원에 사용한다.

▲▼ 스투어트의 집 지붕(위)과 정원의 물탱크(아래)

퍼머컬쳐 원리를 도입한 정원에는 20종류 이상의 과실수와 함께 견과류를 수확할 수 있는 식물들을 기른다. 정원용수로 정화한 물을 사용한다. 50cm마다 필터가 있어서 빗물을 받을 때 나뭇잎이나 기타 이물질을 걸러준다. 빗물은 모두 흰색 탱크로 들어간다. 흰색 탱크에서 땅 밑으로 나온 관은 뒤에 있는 3개의 탱크와 이어진다. 집 안에 있는 일반 수도꼭지(밖에서부터 들어온 수돗물) 2개로 받는 물은 부엌에서 음식을 만들거나 마실 때 이용하고 양치할 때도 쓴다. 빗물 수거탱크의 수도꼭지에서 나오는 물과 재활용하는 물은 다른 용도로 쓴다.

하루에 소요되는 깨끗한 물의 양은 대략 25리터고 나머지 물은 재활용수나 빗물을 쓴다. 샤워, 세탁을 하거나 부엌에서 사용하는 데 필요한 뜨거운 물은 모두 빗물을 데워서 사용한다. 하루 4명의 가족이 사용하는 물의 총량은 310리터 가량 된다. 사용량의 60%은 빗물이고, 30% 재활용수, 8%만 일반 수돗물(돈을 내고 이용하는 깨끗한 물)인 셈이다.

빅토리아 정부에서 우수설비를 할 수 있게 100% 지원을 해주었다. 하지만 모든 가정에 이렇게 지원해주는 것은 아닌데, 우리집은 운이 좋았다. 우수시스템에 사용된 금액은 최소 3,000달러부터 시작한다. 이곳에 사용된 시설은 하나에 700달러인 탱크 3개와 펌프 300달러, 빗물 저수조(자동조절장치) 400달러, 배관공 노동비 1,000달러 정도 지불하고, 그 밖의 것은 스스로 해결했다. 3년 후에 이곳에는 생태계 원리를 최대한 활용하는 마을이 생길 것이다. 멜버른에서 가장 큰 규모인 태양광 발전마을이 탄생될 예정이다.

예술과 생태 사이의 균형
토양은 우드칩으로 덮고 빗물은 모으고

우리는 곧 200주년기념공원으로 불러도 좋을 바이센테니얼공원(Bicentennial Park)으로 안내를 받았다. 유럽 이민자들이 호주 땅에 발을 내딛은 시기를 기념하기 위해 1988년 완공한 공원에 붙인 이름이다. 영국이 범죄자들을 수용할 의도로 식민지로 삼았고, 죄수를 실은 첫 선단이 시드니에 입항한 1788년을 호주 건국초년으로 인정하고 있다.

차를 세운 곳 가까이 있는 녹지의 나무들 주변에는 넓게 우드칩 덮개를 해놓아 토양을 보호하고 있다. 안내는 우드칩을 긁어내어 보이며 설명을 한다.

"이렇게 하면 땅에 수분이 훨씬 오래 유지가 된다고 해요."

폐기해야 할 나무가 있으면 신고하고, 전문회사가 운반하여 부스러기를 만든 다음 몇 개월 발효하여 조경 재료로 활용하는 과정이 구축되어 있단다. 토양을 우드칩으로 덮는 처리로 빗물에 쓸려가는 흙의 양이 줄어들고 또 땅속으로 스며드는 빗물의 양도 늘어날 것이다. 유기물을 이용하며 살아가는 미생물과 벌레, 그리고 그 벌레를 노리는 새가 찾아와 도시의 생물다양성 또한 높아질 것이 분명하다. 그것이 과연 어느 정도 될까?

사진을 찍으며 뒤따라가던 나는 안내자의 바쁜 발걸음을 맞추며 설명을 들을 수 없었다. 일행은 벌써 저만치 가버렸다. 폐기물 매립지 위에 잔디를 심고 스며 나온 침출수를 모아 만든 습지로 돌아서고 있다. 물길을 따라 심은 갈대로 물을 정화하는 방식을 적용했다. 우리나라에서도

▲▼ 쓰레기 매립장 위에 만든 공원의 인공습지. 아래 사진은 2년 후 다시 방문한 기회에 찍었다.

이미 알려진 식물 정화법(phytoremediation)이니 새삼스러울 것은 없다.

다음으로 안내받은 곳은 올림픽공원이다. 이곳 또한 찬찬하게 살필 여유를 가지지 못했지만 많은 요소들에서 환경을 고려한 손길을 확인할 수 있다.

경기장 가까이 자동차 접근이 가능하도록 만든 넓은 길은 양 날개를 거의 수평이 될 정도로 누인 V자 모양으로 보면 되겠다. 빗물이 길의 중앙으로 모여 배수로를 빠져나가도록 배려한 설계의 결과다. 길바닥을 쓸어 모인 빗물을 처리한 다음 활용한다. 넓게 만든 잔디밭도 아주 적은 경사를 이루어 한곳으로 물을 모으고 배수구를 설치해놓았다. 그렇게 모이는 물은 풀밭을 거치는 동안 식물과 미생물, 미세동물, 토양에 의해서 여과되어 어느 정도 정화될 것이다. 풀밭은 많은 양의 빗물이 땅위로 흐르는 것을 막고, 지하수 충원에 이용되는 양을 늘릴 것이다. 그곳에서는 땅속으로 침투되는 물이 많기 때문이다.

물을 이용한 조경 구조물들도 금방 눈에 들어온다. 때는 마침 뜨거운 여름이라 사내아이들이 열을 식히기 위해 떨어지는 물 안으로 뛰어들며 장난을 치고 있다. 흐트러지는 물방울의 조화는 보는 것만으로도 시원한데 그 안에서 자유를 구가하는 구김살 없는 몸짓은 청량감을 더욱 돋보이게 한다.

다음 날 오전엔 가까운 도시 맨리(Manly)의 환경 센터를 찾았다. 주로 주부와 은퇴한 할머니들이 꾸려가는 분위기의 센터는 많은 자료를 모아놓았다. 그러나 여행의 막바지에 긴장이 풀린 탓인지 찬찬히 살펴볼 의욕은 많이 누그러졌고, 일행들도 크게 다르지 않은 눈치다. 우리는 가볍게 얘기를 나누는 것으로 무거운 임무를 마무리했다.

맨리 부두(Manly Wharf)에서 관광선으로 오페라하우스가 있는 서큘

▲ 빗물을 가운데로 모으는 도로
▼ 올림픽공원의 열기를 식히기 위해 물을 이용하는 장치

라 키(Circular Quay) 항구로 이동했다. 40분 정도 소요되는 시간에 배 위에서 바라보는 바다와 항구는 아름답고, 스쳐가는 하얀 요트들이 그리는 물거품과 풍경은 삭막한 마음에 여유와 평화스런 분위기가 고이게 했다. 오후엔 세인트메리성당과 식물원을 둘러보며 힘을 비축하는 시간을 가졌다.

오페라하우스는 예술 감각이 없는 내 눈에도 장관이다. 주변을 맴돌며 수십 컷의 사진을 찍었다. 그러나 이 아름다움은 분명히 생태적인 요소들의 희생을 딛고 있다. 내게는 실용적으로 사용될 공간에 비해 장식 기능이 차지하는 부분의 크기가 더욱 커 보인다. 과연 우리나라와 같이 땅이 비좁은 여건에서 어느 예술가가 이런 규모의 공간 희생이 필요한 설계를 감히 내놓을 용기를 발휘할 수 있을까?

사람의 활용과 생물 서식공간의 확보가 우선인 나는 상대적으로 예술성에 대한 배려에 인색하다. 그러나 사람과 생물의 쓸모가 어느 정도 희생하지 않는다면 예술성 높은 창작활동은 위축될 수밖에 없을 터이다. 실용적인 기능과 예술성 사이의 줄타기, 어떻게 해야 현명할까?

하얗게 반짝이는 오페라하우스는 하늘을 나는 새들에게는 어떻게 비칠까? 몇 해 전 처음 보았던 일본의 도시 시즈오카(静岡) 풍경이 문득 떠오른다. 도시 전체를 감싸고 있는 하얀 건물은 눈부시게 빛났다. 나는 눈부심이 못마땅했다. 하늘을 나는 새뿐만 아니라 그 안에서 삶을 꾸려가는 사람들의 심리에도 어쩌면 부정적인 영향을 낳을지 모른다. 오페라하우스의 눈부신 모습이 주변 경관과 예술적·생태적 측면이 어느 정도 조화를 이루는지 나는 쉽게 판가름할 수는 없다.

블루마운틴 가는 길에 동물원에서 만난 코알라
호주의 생물다양성 보존 방향

일정에 잡혀 있는 블루마운틴(Blue Mountain)으로 가는 길에 동물원에 들렸다. 호주를 대표하는 캥거루와 코알라는 당연히 동물원의 우점종(dominant species)이었다. 코알라는 눈을 반쯤 감은 채 몽롱한 모습이다. 브리즈번에서 만나 크리스털워터스로 이동하는 차 안에서 안내자인 이형균 씨가 말했다. 코알라는 원주민의 말로 '물을 마시지 않는 동물'이라는 뜻이다. 코알라는 수분이 풍부한 유칼리나무 잎을 먹고 살기 때문에 따로 물을 마실 필요가 없다. 그런데 그 잎은 다른 동물이 먹지 못할 정도로 높은 함량의 독성물질을 포함하고 있다. 하지만 코알라는 하루 18~20시간 잠을 자며 해독하는 능력을 가진 덕분에 강자들이 내팽개친 또는 감히 건드려보지 못하는 자원에 적응하며 진화한 동물이다.

호주에 4,000종이 넘는 새가 있단다. 한국에는 지나가는 새들을 합쳐서 대략 400종 정도 있다고 들었다. 진기한 새들로 가득한 동물원에서 전날 아침 산책길에 봤던 하얀 새를 다시 만났다. 내 무딘 관찰력으로 보면 앵무새와 비슷하지만, 온통 새하얀 색이라는 것에 차이가 있다. 측백나무로 보이는 나무에 매달려 열매를 따먹고 있다가 사진기를 들이대니 가까운 지붕으로 날아갔다. 날아간 새로 한발 다가섰더니 나무 뒤쪽에 다른 새 한 마리가 열심히 먹이를 쪼고 있었다. 사진기로 겨냥해도 이 녀석은 태연했고, 다행스럽게도 지붕으로 도망쳤던 녀석도 짝 곁으로 다시 돌아와 보통렌즈로 사진을 찍을 수 있었다. 이제 가까운 곳에서 관찰하고, 모양새도 찬찬히 들여다본다. 갇힌 녀석에겐 미안하지만 동물원이

▲ 잠에 취한 동물원의 코알라
▼ 주택가 나무에 매달려 열매를 까먹고 있는 새 두 마리

가진 교육 효과를 누리는 셈이다.

소개하는 글을 보니 유황색볏코카투(sulphur-crested cockatoo) 정도로 번역이 가능한 이름을 가졌다. 머리 뒤로 노란색 볏이 뾰족 나와 있는 모습에서 수식어가 유래된 것으로 짐작된다. 우리의 안내자도 이 새에 대해 구미가 당기는 얘기를 보탠다.

"최근에 한국 사람이 몇 마리 숨겨서 가다가 들켜서 몇십 억의 범칙금과 15년 징역을 선고받았고 현재 항고 중에 있어요. 아이큐가 40 정도 되는 이 새는 호주 전역에 분포하고 있어. 이곳에서는 쉽게 만나지만 한마리에 3억 2천만 원으로 가격이 매겨져 있답니다. 사람들의 집적거림으로 스트레스 받는 것을 막고, 다른 나라로 쉽게 빠져나가지 못하는 목적으로 동물보호단체가 그렇게 높은 가격이 매겨지도록 작용했지요."

그러나 이 이야기는 아무래도 미심쩍다. 호주국립대학교에 교수로 있는 지기에게 알아보니 역시 잘못된 내용이다. 애완용으로도 키우는 새로 훈련 정도에 따라 한 마리당 150~800달러 정도에 거래된단다. 이 일화는 고객을 즐겁게 해야 인기를 끌 수 있는 현지 안내자의 정보를 곧이곧대로 믿기는 어렵다는 교훈이 된다.

블루마운틴의 우뚝 솟은 바위에 담긴 자연과 문화
유칼리나무와 세 자매 바위 이야기

블루마운틴을 중심으로 하는 국립공원은 사암(sandstone)으로 이루어진 거대한 지역으로 대략 너비와 길이가 각각 80km와 170km가 넘는 규모다. 거대한 산악지역을 아주 완만하게 기어오르기 때문에 산지라는 느낌이 들지 않을 정도다.

오늘은 우리의 안내자로부터 몇 가지 유익한 이야기를 들었다. 유칼리나무는 우리가 방문한 블루마운틴 숲의 70%를 차지한다. 숫자의 정확한 단위가 생물량(biomass)인지 아니면 숲을 덮는 정도를 얘기하는지 알 수 없지만 우점종인 것만은 틀림이 없는 모양이다. 이 나무들이 바람에 흔들려 서로 마찰하면 자연발화가 일어난다. 이 정보는 지금까지 그런 가능성에 대해 가지고 있던 의구심을 지울 근거가 된다. 유칼리나무에는 알코올 함유량이 높아 발화가 쉽다는 이야기다. 이런저런 많은 통계숫자를 언급했는데 내가 아는 대부분의 내용과 다름없는 것으로 보아 그의 말을 신뢰해도 되겠다.

블루마운틴의 세 자매 바위 이야기는 현지에서도 들었다. 그러나 여행에서 언제나 귀를 세우고 긴장할 수는 없는지라 내용은 귓등으로 흘러갔다. 이때 나는 안내자의 이야기보다 풍경에 집중했던가 보다. 3년이 지난 다음 파울로 코엘료의 『흐르는 강물처럼』에서 이 내용을 다시 만날 기회가 있었다. 내 식으로 짧게 요약하며 흘러간 시간을 되새겨본다.

"옛날에 3명의 누이와 사는 마법사 한 사람이 있었다. 그들은 길을 가다가 유명한 전사를 만났다. 전사는 세 자매 중에서 한 사람과 결혼하고 싶다고 말했다. 마법사는 대답했다. '한 애를 아내로 맞으면 남은 두 애가 슬프겠지요. 당신이 세 아내와 살 수 있는지 알아보겠소.' 그리고 호주 전역을 헤매는 동안 세월이 흘러 자매들은 늙고 결혼할 기회는 사라졌다. 마법사는 뒤늦게 깨우친 자신의 잘못을 세상에 알리고 싶었다. 세 자매는 그렇게 바위가 되었다."

이 우화에는 한 사람의 행복이 반드시 다른 사람의 불행을 야기하는 것이 아니라는 교훈을 담겨 있다고 코엘료는 마무리한다.

돌출한 요소는 사람들의 눈을 끄는 법이다. 그리고 그것은 흔히 흥미 있는 이야깃거리로 탈바꿈되기도 한다. 그러고 보니 호주에 도착한 첫날, 브리즈번 공항에서 크리스털워터스를 찾아가던 길에서도 우리는 우뚝 솟은 바위 이야기를 들었다. 거기에도 세 개의 바위가 있는데 하나는 임신한 어머니고, 다른 하나는 아들, 마지막은 영험한 힘을 가진 아버지 형상이다. 아랫배가 불룩한 모습의 임신부 모습은 짐작이 되는데 아버지와 아들 형상의 바위는 구분이 되지 않는다. 세 개의 바위를 엮어 만든 전설은 이렇다. 아버지가 밀려오는 해일을 발견하고 아들에게 어머니를 보호하라고 했다. 해일이 끝나고 보니 아들 녀석은 어머니 손을 놓고 있었다. 화가 난 아버지는 아들의 목을 내리쳤다. 그래서 아들 바위는 굽은 목(crooked neck)이 되어 머리가 숙여진 모습이다. 나중에 아들은 아버지에게 따졌다. 화가 난 아버지는 가족 모두를 바위로 만들어버렸다.

이 전설 뒤에 놓인 교훈은 무엇일까? 그저 그럴 수 있는 일상사를 신기한 바위 모양에 빗댄 것일까? 어디서나 특이한 바위가 주는 형상에 기대어 이야기들이 만들어진다. 그 안에는 자연과 문화의 특성이 들어 있을 터이다. 내용을 잘 살펴보면 나라와 지역에 따라 다른 사람의 생태를 읽어낼 수 있지 않을까?

▲ 블루마운틴. 골 사이에 오직 연두색이 뚜렷하여 수분이 넉넉한 토양이 유지되는 줄 알겠다.
▼ 세 자매 바위

호주에서 배운 도시 생태의 올바른 예
도시와 녹지, 그리고 생물의 공존

　지난 시간을 정리하며 '아는 만큼 보인다.'는 말에 새삼스럽게 동감한다. 그동안 마음에 담아두었던 몇 가지 현상들을 직접 확인한 것이 이번 답사의 주요한 결과다. 답사 무렵에 일간지를 통해서 발표했던 몇 개 글 소재가 훨씬 구체적으로 반영된 모습을 실컷 보았다. 이를테면 답사를 떠나기 한 달 전쯤 '도시 녹지, 낮출 수 있는 곳은 낮추자.'라는 제목으로 『서울신문』녹색공간에 글을 실은 적이 있다.

　땅이 넉넉한 덕분인지 이동하는 전 지역의 고속도로 중앙분리대는 꽤 넓고 도로의 지면보다 낮았다. 기억하건대 조경 분야의 교수와 사업가들에게 1989년 봄부터 기회가 닿으면 권유하고 있지만 아직도 수용되지 않는 접근이다. 하지만 다른 나라에서는 이제 쉽게 볼 수 있는 광경이 되었다. 크리스털워터스에서 경사지의 침식을 줄이기 위해 활용한다는 풀이 무성한 저초지도 바로 내 글이 담고 있는 내용을 뒷받침하는 구체적인 보기가 된다. 내 주장을 실천했을 때 얻을 효과는 2001년 출간한 졸저 『경관생태학』에서 결국 그림으로 표현했다.

　바람직한 다른 접근도 호주 탐방에서 만났다. 도시를 건립하기 전에 여러 수종의 나무를 심어보고 풍토에 맞는 것들을 선택하는 접근이다. 분명히 이런 태도가 우리나라에도 있겠으나 지역특성이 뚜렷하기보다 아직은 어디로 가나 가로수나 아파트의 조경 수목들이 비슷해 보이는 우리 풍경과는 제법 달랐다.

　건조하고 무더운 공기를 다스리기 위해 물과 녹지를 지혜롭게 활용한

▲ 호주의 도시 건립 이전에 적절한 조경 수목을 확인하기 위해 시험 식재를 하고 특성을 관찰하는 시험장

모습도 자주 목도했다. 앞서 브리즈번에서 크리스털워터스로 이동하는 도중 들린 쇼핑몰에서 바닥의 구멍에서 물이 튕겨져 나오는 설치와 시드니 올림픽공원의 큰 규모로 물을 떨어뜨리는 장치, 그리고 세인트메리성당 앞 넓은 공간에 물을 활용한 조경이 이에 해당한다. 이 또한 '메마른 도시에서 '드므'를 살릴 방법이 없을까?'라는 제목으로 『서울신문』에 게재했던 내 글의 주장과 비슷한 맥락을 가지고 있다. 이런 설치를 가능하게 한 호주의 사회적 배경 또는 맥락이 어쩐지 내게는 부러워 보였다. 우리나라 땅에서는 내가 눈여겨볼 마음의 여유가 없었거나 관련 작업을 하는 분들의 고심이 덜 했기 때문일 것이다. 내 얕은 관찰이 부끄럽다 하더라도 부디 전자가 사실이기를 바란다.

이번 여행에서는 도시 녹지가 사람들에게 베푸는 혜택을 제대로 활용할 수 있다는 확신을 가지게 된다. 도시의 녹지는 그 안에 사는 사람들에게 여러 가지 직접적인 혜택을 안겨준다. 그뿐만 아니라 다른 생물을 키우고 또 토양을 발달시켜 간접적인 혜택도 베푼다. 아래는 2004년 5월 (주)이장의 소식지에 소개한 내용이다.

"녹지의 가장 기본적인 기능은 역시 광합성이다. 유기물 생산이 녹지를 이루는 식물의 가장 대표적인 역할이기 때문이다. 녹지는 광합성 과정에 물과 이산화탄소를 흡수하고 산소를 내어놓는다. 그것만으로도 공기를 정화한다.

녹지는 콘크리트에 싸인 도시의 열기를 식힌다. 전문적인 말로 하자면 열섬 효과를 감소시키는 기능을 가지고 있다. 식물은 햇빛이 간직하고 있는 에너지를 흡수하고, 그늘을 만들며, 증발산 과정을 통해서 주변의 열기를 빼앗아간다. 증발은 식물과 땅의 표면에서 일어나고, 증산은 식물체 안에 있던 물이 수증기가 되어 공기로 이동하는 현상이다. 두 과정이 합쳐져 증발산이 된다. 증발산은 적당한 온도 범위 안에서 식물의 광합성 반응이 진행되도록 하는 동시에 도시의 열섬 효과를 누그러뜨리는 생태계의 과정이다."

광합성의 산물은 야생동물과 미생물을 위한 자원이 된다. 숲 지붕이나 바닥 그리고 떨어진 낙엽과 토양에는 수많은 생물들이 살아가기 좋은 공간이 있다. 녹지에서 생산되는 유기물은 생물의 에너지원으로 이용된다. 살아 있는 잎이나 줄기, 열매는 작은 벌레와 새, 길짐승들의 양식이 된다. 꽃가루와 꿀은 나비와 벌의 먹이가 되고 뿌리와 줄기, 잎에서 녹아나오는 분비물은 미생물의 에너지원이 된다. 낙엽과 나뭇가지도 벌레의 먹이가 되고, 벌레는 새들의 먹이가 된다. 그래서 도시에도 살아 있는 나뭇가지 위나 죽은 나무의 구멍에 둥지를 트는 새가 있고, 꽃을 찾는 나비와 낙엽을 먹는 벌레가 있다. 도시 바깥에서 들여온 유기물을 이용하며 살아가는 생물도 있지만 대체로 녹지에 기대어 사는 녀석들이 더 정겹다.

토양 미생물은 공기 중에 포함되어 있는 불순물을 분해하고 흡수한다. 토양 입자는 빗물에 씻겨가는 물질을 흡착한다. 흡착되고 분해된 물질은 미생물과 식물이 흡수한다. 이들이 한데 어우러져 녹지를 스쳐가는 공기와 물을 정화하게 된다.

또한 녹지의 토양에서는 물이 자연스럽게 땅속으로 스며든다. 특히 불투성 포장이 많은 도시에서는 녹지 면적이 넓고 토양 유기물이 풍부하면 스며드는 물은 늘어난다. 그래서 녹지는 나날이 고갈되고 있는 지하수를 다시 채워주는 곳이기도 하다.

도시 녹지는 좋은 환경교육의 장소가 된다. 어린이들이 크고 작은 생물들을 관찰하며 자연에 대한 감수성을 키우는 곳이다. 오늘날의 사람들은 좁은 도시 녹지 곳곳에 손을 대지만 빈터를 그대로 두어 그곳에서 진행되는 자연요소들의 변화를 관찰할 수 있는 여지를 주면 좋은 자연교육의 공간이 될 것이다. 도시 녹지를 적절하게 관리하는 것은 당연하지만 그렇다고 모든 곳을 관리할 필요는 없다. 그저 내버려두어도 좋은 녹지도 꽤 있다. 모든 녹지를 깔끔하게 만들어야만 하는 것은 아니라는 뜻이다.

지금의 도시에는 어린이와 젊은이들이 자신의 역량을 갈고 닦고 발휘할 학교나 사무실이 제법 갖추어진 편이다. 반면에 노인들이 마음을 달랠만한 공간은 그다지 많지 않다. 그런 실정이라 작으나마 꽃과 채소가 자라는 도시의 텃밭은 노인들의 소일거리를 제공하는 공간이 되겠다. 그 텃밭에서 노인들이 그저 식물을 가꾸어보는 정도만으로도 심신이 위로받는 긍정적인 효과를 얻을 것이다. 가꾸기를 어린아이들과 함께 할 수 있도록 배려하면 세대 간의 거리를 좁힐 좋은 기회도 된다. 컴퓨터와 휴대 전화의 노예가 되어버린 미래 세대들이 어른들의 경험을 자연스럽게 배우고 옛이야기도 들을 수 있다. 오염에 찌든 도시 땅에서 가꾼 채소를 먹을거리로 이용할 것인지는 그다음 엄정한 분석으로 판단해야 할 문제로 남는다.

이러한 혜택을 제공할 수 있음에도 불구하고 오늘날의 도시 녹지는 잘못 관리되는 경우가 자주 있다. 도시 녹지에서 해마다 낙엽을 긁어내고 나뭇가지를 잘라내어 귀중한 유기물 자원을 오히려 쓰레기로 둔갑시키기도 한다. 낙엽과 나뭇가지는 영양소 창고이기 때문에 없애는 만큼 결국 땅이 척박해진다. 그 영양소는 흙에서 뿌리로, 뿌리에서 줄기와 가지로, 잎으로 옮겨간 것이다. 땅으로 돌아가야 할 낙엽과 나뭇가지라는 영양소 창고를 없애다 보니 도시 녹지에 비료를 첨가하는 일도 생기고, 그 비료가 빗물에 씻겨 이웃한 시내로 운반되어 수자원의 부영양화를 불러오는 원인이 되기도 한다.

우리와 달리 일본의 도시 공원에는 나뭇단을 쌓아두고, 호주나 미국은 가로수와 공원의 나무 주변을 우드칩으로 덮어 놓는다. 그 까닭은 무엇이겠는가? 크리스털워터스 경사지에서는 등고선을 따라 늘어놓은 나뭇가지 무더기에 그 해답이 들어 있다. 무더기는 물의 흐름을 지연시켜 토양 침식을 줄이고, 가지 사이로 생물이 깃들게 하는 효과를 가지고 있다. 탄소 함량이 많은 나뭇가지를 먹는 벌레와 미생물은 그런 여건에서 나름대로 사람들에게 이로운 일을 하게 된다. 도시 녹지의 나무 주변을 덮은 우드칩도 그런 효과를 당연히 발휘한다. 그것은 나무가 영양소를 흡수하여 척박해지는 땅을 가꾸는 길인 셈이다.

참고문헌

1부 출근길 생태학 1

이도원. 2001. 경관생태학. 서울: 서울대학교출판문화원.

Belnap, J., J. R. Welter, N. B. Grimm, N. Barger, and J. A. Ludwig. 2005. Linkage between microbial and hydrologic processes in arid and semiarid watersheds. Ecology 86(2):298-307.

Brady, N., and R. R. Weil. 2007. The Nature and Properties of Soils, 14th ed. New York: MacMillan Publishing Company.

Jackson, R. B., E. G. Jobbágy, R. Avissar, S. B. Roy, D. J. Barrett, C. W. Cook, K.A. Farley, D. C. le Maitre, B. A. McCarl & B. C. Murray 2005. Trading water for carbon with biological sequestration. Science 310(5756):1944-1947.

Kim, Y., S. Kang, J.-H. Lim, D. Lee & J. Kim. 2010. Inter-annual and inter-plot variations of wood biomass production as related to biotic and abiotic characteristics at a deciduous forest in complex terrain, Korea. Ecological Research 25(4):757-769.

Mark, A.F. and K.J.M. Dickinson. 2008. Maximizing water yield with indigenous non-forest vegetation: a New Zealand perspective. Frontier in Ecology and Environment 6(1):25-34.

Plieninger, T. and C. Bieling. 2012. Resilience and the Cultural Landscape: Understanding and Managing Change in Human-Shaped Environments. New York: Cambridge University Press.

Swank, W.T. & J.E. Douglass. 1974. Streamflow greatly reduced by converting deciduous hardwood stands to pine. Science 185(4154):857-859.

2부 출근길 생태학 2

경기도박물관. 2003. 먼 나라 꼬레. 용인: 경인문화사.

이도원. 1997. 떠도는 생태학. 서울: 범양사출판부.

이도원. 2001. 경관생태학. 서울: 서울대학교출판문화원.

이도원. 2006. 생태학에서의 시스템과 상호의존성. 에코포름 편. 생태적 상호의존성과 인간의 욕망. 서울: 동국대학교출판부. 19-42쪽.

이도원, 이현정, 안상희, 최사라, 박찬열. 2009. 생태수문 과정을 고려한 도시 가로와 자투리 녹지의 디자인 대안. 환경논총 47:25-47.

이도원. 2011. 출근길 잠깐의 사유, 풍경과 생태. 오명석 엮음. 서울대 명품강의 2. 서울: 글항아리. 279-298쪽.

Dietz, M. E., and J. C. Clausen. 2006. Saturation to improve pollutant retention in a rain garden. Environmental Science and Technology 40(4):1335-1340.

Lovell, S. T. and D. M. Johnston. 2009a. Designing landscapes for performance based on emerging principles in landscape ecology. Ecology and Society 14(1): 44.

Lovell, S.T. and D.M. Johnston. 2009b. Creating multifunctional landscapes: how can the field of ecology inform the design of the landscape? Frontiers in Ecology and the Environment 7(4):212-220.

Yang, L. H. 2008. Pulses of dead periodical cicadas increase herbivory of American bellflowers. Ecology 89(6):1497-1502.

환경부 블로그 http://blog.naver.com/mesns/220928534498

완주군청 홈페이지 http://www.wanju.go.kr

3부 지리산에 기댄 남원 마을숲

김하돈. 2002. 마음도 쉬어가는 고개를 찾아서. 서울: 실천문화사.

남원시. 1998. 남원의 마을 유래

이도원, 고인수, 박찬열. 2007. 전통 마을숲의 생태계 서비스. 서울: 서울대학교출판문화원.

이도원, 박수진, 윤홍기, 최원석. 2012. 전통생태와 풍수지리. 서울: 지오북.

이호신. 남원의 마을숲들. 월간 산 2011년 1월호.

최원석. 2014. 사람의 산 우리 산의 인문학. 서울: 한길사.

최재웅·김동엽. 2009. 농어촌마을 당산숲의 입지 및 구조 특성, 한국전통조경학회지 27(1):35-47.

http://san.chosun.com/site/data/html_dir/2011/01/07/2011010701110_2.html

http://www.siminsori.com/news/articleView.html?idxno=61154

4부 보전과 지속의 희망, 소수민족 마을

이도원, 고인수, 박찬열. 2007. 전통 마을숲의 생태계 서비스. 서울: 서울대학교출판문화원.

이도원, 박수진, 윤홍기, 최원석. 2012. 전통생태와 풍수지리. 서울: 지오북.

이도원, 권선정, 이화, 김기덕, 박대윤, 최원석, 조인철, 옥한석, 이형윤, 박수진, 김혜정, 천인호, 시부야 시즈아키. 2016. 동아시아 풍수의 미래를 읽다. 서울: 지오북.

박노해, 이갑철, 이상엽, 이희인, 정일호, 황문주, 황성찬. 2007. 윈난, 고원에서 보내는 편지. 서울: 도서출판 이른아침.

https://www.youtube.com/watch?v=vll_2xH_SQY giant honey bee

5부 생태도시와 생태공동체 마을 탐방

이도원. 2001. 경관생태학. 서울: 서울대학교출판부.

파울로 코엘료. 2008. 흐르는 강물처럼. 박경희 옮김. 서울: 문학동네.

Felson, A. J., and S. T. A. Pickett. 2005. Designed experiments: new approaches to studying urban ecosystems. Frontiers in Ecology and the Environment 3(10):549-556.

Mollison, B. 1994. Introduction to Permaculture, 2nd ed. Tyalgum, Australia: Tagari Publications.

Nassauer, J. I. (ed.) 1997. Placing Nature: Culture and Landscape Ecology. Washington, DC: Island Press,

Register, R. 2002. Ecocities: Building Cities in Balance with Nature. Berkeley: Berkeley Hills Books.

찾아보기

친숙한 일상에서 ＿＿＿ 낯선 세계로 가는 **생태학적 시선**

출근길 **생태학**

초판 1쇄 발행 2020년 7월 15일
초판 2쇄 발행 2021년 7월 9일

지은이 이도원

펴낸곳 지오북(**GEO**BOOK)
펴낸이 황영심
편집 전슬기
디자인 권지혜

주소 서울특별시 종로구 새문안로5가길 28, 1015호
(적선동 광화문플래티넘)
Tel_02-732-0337 Fax_02-732-9337
eMail_book@geobook.co.kr
www.geobook.co.kr
cafe.naver.com/geobookpub

출판등록번호 제300-2003-211
출판등록일 2003년 11월 27일

ⓒ 이도원, 지오북(**GEO**BOOK) 2020
지은이와 협의하여 검인은 생략합니다.

ISBN 978-89-94242-73-6 03470